미디어 연구방법

SPSS PC⁺ Windows 20.0

최 현 철

고려대 신문방송학과 졸업
미국 아이오와대 언론학 석사/박사
계명대 신문방송학과 교수 역임
현재 고려대 미디어학부 교수

주요 저서
《사회과학 통계분석: SPSS/PC⁺ Windows 20.0》
《사회통계방법론: SPSS/PC⁺ Windows 12.0》
《미디어와 현대사회》(공저)
《미디어 연구방법》(공저)
《사회과학 데이터분석법》(공저)
《커뮤니케이션과 인간》(공저)
《광고와 대중소비문화》(역)
《정보화시대의 영화산업》(역)
《뉴미디어 산업과 문화》(편역)
《미디어 정책개혁론》(공역) 등

나남신서 1762

미디어 연구방법
SPSS PC⁺ Windows 20.0

2014년 5월 30일 발행
2014년 5월 30일 1쇄

지은이 최현철
발행자 趙相浩
발행처 (주) 나남
주소 413-120 경기도 파주시 회동길 193
전화 031) 955-4601 (代)
FAX 031) 955-4555
등록 제 1-71호(1979. 5. 12)
홈페이지 www.nanam.net
전자우편 post@nanam.net

ISBN 978-89-300-8762-9
ISBN 978-89-300-8001-9 (세트)

책값은 뒤표지에 있습니다.

나남신서 1762

미디어 연구방법

SPSS PC⁺ Windows 20.0

최현철 지음

Statistical Analysis in Media Studies

SPSS PC$^+$ Windows 20.0

by

Hyeon Cheol Choi

nanam

머리말

필자가 20년 넘게 통계를 가르치면서 줄곧 가진 꿈은 "재미있고 쉬운" 통계책까지는 아니더라도 통계를 공부하고 싶은 사람이면 누구나 (물론 말처럼 쉽지는 않겠지만) "즐기면서 공부할 만한" 통계책을 쓰는 것이었다. 통계가 다른 공부에 비해 특별히 어렵지 않음에도 불구하고(필자는 이론 공부가 통계 공부보다 훨씬 더 힘들다고 생각한다) 왜 많은 사람이 '통계' 하면 어려움(때로는 공포심)을 느끼는 걸까? 여러 가지 이유가 있겠지만, 통계가 보편화된 시대가 되었음에도 불구하고 여전히 많은 책이 통계의 논리를 수학공식에 의존해 설명하다 보니 독자의 고통(또는 공포심)을 줄이는 데 실패했다고 필자는 생각한다.

필자는 공부는 즐겁게 해야지 고통스럽게 해서는 이익보다 손해가 많다고 믿는다. 《미디어 연구방법》은 독자가 통계를 즐겁게 공부하기 바라면서(최소한 불필요한 고통에서 벗어나기를 바라면서) 쓴 책이다. 각 통계분석은 크게 '전제 검증'과 '유의도 검증'(모델의 유의도 검증과 개별 변인의 유의도 검증), '상관관계 값 해석' 세 부분으로 나누어 독자가 쉽게 이해하도록 썼다. 각 통계분석의 기본 논리를 설명할 때에는 가급적 수학공식을 피하고, 어쩔 수 없는 경우에 한해 최소한으로 제시했다(공식에 관심 없는 독자는 공식 설명 부분을 건너뛰어도 무방하다). 각 장의 마지막에는 독자가 논문(또는 보고서)을 쓸 때 필요한 절차와 내용을 설명한 논문 작성법을 제시했다. 논문 작성법은 각 통계분석을 이해하는 데 도움을 주기 때문에 각 통계분석을 공부하기 전 논문 작성법을 읽기 권한다. 또한 일반 통계분석의 경우, 독자가 결과를 쉽게 얻도록 SPSS/PC⁺ 프로그램의 최신 버전인 20.0(한글판)의 데이터 입력부터 출력까지의 실행방법을 설명했다.

《미디어 연구방법》의 각 장을 간략하게 살펴보자.

제 1장과 제 2장에서는 과학적 연구방법이 무엇이며, 그 구성요건과 절차는 무엇인지 소개했다.

제 3장부터 제 6장까지는 사회조사방법을 살펴봤다. 제 3장에서는 개념과 변인, 측정(*concept, variable, measurement*), 제 4장에서는 표집방법(*sampling method*), 제 5장에서는 서베이 방법(*survey method*), 제 6장에서는 설문지 작성법을 설명했다.

제 7장 SPSS/PC⁺ 프로그램에서는 최신 버전인 20.0(한글판)의 주요 명령문과 실행방법을 설명했다.

제 8장 기술통계(*descriptive statistics*)에서는 표본의 특성을 보여주는 값인 분포(*distribution*)와 중앙경향(*central tendency*), 산포도(*dispersion*), 표준오차(*standard error*)를 설명했다.

제 9장 추리통계의 기초에서는 표본의 결과를 모집단에 추리하는 데 필요한 개념인 정상분포곡선(*normal distribution curve*), 표준점수(*z-score*), 표준 정상분포곡선(*standardized normal distribution curve*), 가설 검증(*test of hypothesis*), 유의도 수준(*significance level*), 제 1종 오류와 제 2종 오류(*type I error & type II error*)를 설명했다.

제 10장부터 제 13장까지는 통계분석을 살펴봤다. 제 10장에서는 문항 간 교차비교분석(χ^2 *analysis*), 제 11장에서는 t 검증 (*t-test*), 제 12장에서는 일원변량분석(*one-way ANOVA*), 제 13장에서는 상관관계분석(*correlation analysis*)을 설명했다.

필자는 "즐기면서 공부할 만한"《미디어 연구방법》을 만들기 위해 가능한 한 쉽고 체계적으로 쓰려고 노력했지만 이 책에서 다룬 내용이 그리 쉽지 않을 수 있다. 그러나 즐기면서 꾸준히 공부하다 보면 통계를 정복할 수 있으리라 믿는다. 또한 필자가 이 책의 완성도를 높이기 위해 노력했지만 여전히 부족한 부분이 있을 거라고 생각한다. 앞으로 열심히 수정·보완하여 더 나은《미디어 연구방법》을 만들 것을 약속한다. 독자의 아낌없는 성원과 기탄없는 비판을 바란다.

《미디어 연구방법》이 나오기까지 도움을 준 분들께 감사의 말을 전한다. "즐기면서 공부할 만한" 통계책을 쓰도록 자극제가 된 독자와 고려대 미디어학부, 방송통신대 미디어영상학과 학부생과 대학원생에게 감사의 마음을 전한다. 책을 낸다는 핑계 아닌 핑계로 지난 1년간 많은 시간을 같이 보내지 못한 가족에게도 미안하고 고마운 마음을 전한다. 필자가 이런저런 이유로 게으름을 피울 때 책을 내도록 충고와 격려를 아끼지 않은 나남출판 조상호 회장님께 각별한 사의를 표하고, 원고가 늦어져도 묵묵히 지켜봐주고 편집까지 책임져 준 나남출판 방순영 이사님, 일반 책보다 몇 배 더 까다로운 통계책 편집을 불평 한마디 없이 성공적으로 해준 강현호 대리에게도 감사의 말을 전한다.

2014년 봄
최 현 철

나남신서 1762

미디어 연구방법
SPSS PC⁺ Windows 20.0

차 례

1. 과학적 방법과 연구대상

사회과학이란 사회현상을 과학적 방법을 통해 연구하는 학문 분야이다. 사회과학은 사회 내에서 일어나는 다양한 현상들을 객관적·체계적으로 기술(*describe*)·설명(*explain*)·예측(*predict*)하는 것을 목적으로 한다.

  사회현상이란 사회 내의 인간, 또는 인간 간의 상호작용, 사회구조에서 일어나는 모든 현상을 의미한다. 관찰할 수 있는 실체를 현상이라 하는데, 현상을 수량화할 때 이를 변인(*variable*)이라고 부른다(변인의 종류 및 측정에 대해서는 제 3장에서 자세히 살펴본다). 즉, 변인이란 특정 분류 틀이나 측정 틀에 의해 수치로 기록되어 여러 값을 가지는 대상이나 사건을 말한다. 사회과학 연구에서는 변인 그 자체의 속성을 연구하기도 하고, 한 변인과 다른 변인과의 관계에 초점을 맞추어 연구하기도 한다.

  측정(*measurement*)이란 일정한 법칙에 따라 현상에 값을 부여하는 것을 말한다. 측정을 통해 현상에 대한 관찰을 좀더 쉽고 객관적으로 할 수 있다. 측정된 변인의 값은 연구를 위한 기초자료로서 데이터(*data*)라고 하는데, 통계방법을 통해 데이터를 체계적으로 분석한다.

2. 미디어 연구방법

사회과학 연구는 〈그림 1-1〉에서 보듯이 크게 데이터 수집과 데이터 분석 두 개의 과정으로 이루어진다. 데이터 수집 과정에서 연구자는 연구주제에 적합한 연구설계를 하고, 연구대상을 선정한 후 이들을 대상으로 데이터를 수집하여 컴퓨터에 입력한다. 데이터 분석과정에서 연구자는 수집한 데이터를 통계 프로그램(예, SPSS/PC$^+$)을 이용하여 분석한다. 데이터를 수집하는 방법을 조사방법이라고 하고, 수집한 데이터를 분석하는 방법을 통계방법이라고 한다.

1) 모집단과 표본

연구자가 연구를 할 때 관심을 가지는 전체 대상을 모집단(population)이라고 부른다. 예를 들어 연구자가 대한민국 유권자의 투표 행위를 연구한다고 할 때 모집단은 대한민국에 거주하는 전체 유권자가 된다. 또는 연구자가 우리나라 청소년의 텔레비전시청시간을 연구한다고 하면, 이때 모집단은 대한민국에 사는 전체 청소년이다.

연구자가 전체 대상, 즉 모집단을 대상으로 조사하는 것을 전수조사라 한다. 연구자가 모집단을 정확하게 파악하여 이를 연구할 수 있다면 가장 바람직할 것이다. 그러나 대부분의 사회과학 연구는 모집단을 대상으로 이루어지지 않는다. 대부분의 사회과학 연구는 제한된 예산으로 제한된 시간 내에 제한된 인력으로 수행되기 때문에 연구자가 모집단을 대상으로 하는 연구는 극히 이례적이거나 거의 없다. 즉, 시간과 인력, 예산 때문에 모집단을 대상으로 연구하는 것은 불가능하다. 뿐만 아니라 시간과 인력, 예산이 충분하다 해도 모집단을 연구하는 것은 불필요한 경우가 대부분이다. 이미 통계학자들이 소수의 인원만을 대상으로 조사해도 과학적 연구가 이루어질 수 있도록 조사방법과 통계방법을 만들어 놓았기 때문에 대부분의 사회과학 연구는 모집단을 가장 잘 대표할 수 있는 표본(sample)을 대상으로 이루어진다.

2) 조사방법

조사방법은 데이터를 수집하는 과학적 방법을 말한다. 조사방법에서는 과학적 연구절차와 변인(variable)의 종류와 측정방법(measurement), 표본을 선정하는 표집방법(sampling method, 확률 표집방법과 비확률 표집방법), 연구설계(research design, 서베이와 실험실 연구 등), 데이터 수집 및 입력방법 등을 살펴본다. 이 책에서는 제 3장과 제 4장, 제 5장, 제 6장에서 조사방법을 살펴본다.

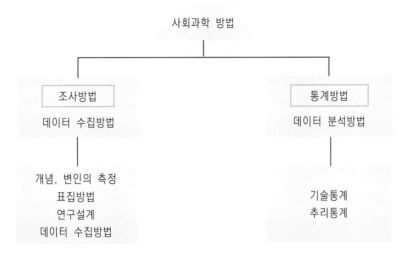

〈그림 1-1〉 사회과학 연구방법

3) 통계방법

통계방법은 데이터를 분석하는 방법을 말한다. 〈그림 1-2〉에서 보듯이 통계방법은 기술통계방법(*descriptive statistics*)과 추리통계방법(*inferential statistics*) 두 가지이며, 추리통계방법에는 모수통계방법(*parametric statistics*)과 비모수통계방법(*nonparametric statistics*) 두 종류가 있다.

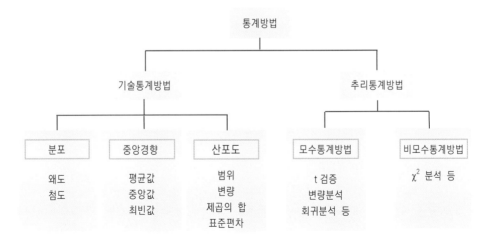

〈그림 1-2〉 통계방법 종류

(1) 기술통계방법과 추리통계방법

대부분의 사회과학 연구는 연구자가 관심을 가지는 전체 대상, 즉 모집단을 대상으로 이루어지지 않는다. 모든 연구는 제한된 예산과 시간 속에서 수행되기 때문에 모집단을 대상으로 연구한다는 것은 불가능하다. 따라서 연구자는 모집단을 가장 잘 대표하는 표본을 선정하여 이를 대상으로 연구한다.

표본의 주요 특징을 기술하는 통계방법을 기술통계방법이라고 한다. 기술통계방법에서는 변인의 분포(distribution)와 중앙경향(central tendency), 산포도(dispersion)를 분석한다. 분포에서는 변인의 모양을 왜도(skewness)와 첨도(kurtosis) 두 가지 값을 통해 분석한다. 중앙경향에서는 분포의 특성을 평균값(mean)과 중앙값(median), 최빈값(mode)의 세 값을 통해 분석한다. 산포도에서는 범위(range)와 변량(variance), 제곱의 합(sum of square),[1] 표준편차(standard deviation) 등을 통해 각 점수들이 평균값으로부터 얼마나 퍼져 있는지를 분석한다.

추리통계방법이란 표본의 연구결과를 모집단에 일반화할 수 있는지를 판단하는 통계방법을 말한다. 연구자는 표본을 대상으로 연구하지만, 표본의 특성을 서술하는 데 목적이 있는 것이 아니라 이 표본의 연구결과를 통해 모집단의 결과를 유추하고자 하는 것이다. 예를 들어 대학생 300명을 표본으로 조사한 결과 하루 평균 텔레비전 시청량이 2시간이 나왔다고 가정하자. 연구자는 이 표본결과를 통해 우리나라 전체 대학생들의 하루 평균 텔레비전 시청량이 2시간이라고 주장할 수 없다. 왜냐하면 표본의 결과와 모집단의 결과는 차이가 날 수밖에 없기 때문이다. 추리통계방법은 표본의 결과가 모집단에서도 나타날 가능성을 확률적으로 판단해 준다. 추리통계방법은 모수통계방법과 비모수통계방법 두 가지로 구분된다.

(2) 모수통계방법과 비모수통계방법

추리통계방법은 측정수준(level of measurement)과 선형성(linearity), 변량의 동질성(homogeneity of variance) 등 몇 가지 전제 조건의 충족 여부에 따라 결정된다. 예를 들면, 상관관계분석방법을 정확하게 사용하기 위해서는 모든 변인이 반드시 등간척도(또는 비율척도)로 측정되어야 한다. 이러한 전제 조건들이 충족되었을 때 사용할 수 있는 통계방법이 모수통계방법이다. 모수통계방법에는 t-검증과 변량분석(ANOVA), 회귀분석(regression analysis) 등 여러 종류가 있다.

그러나 때로는 이러한 전제 조건들을 충족하기 어려운 경우가 있는데, 이때 유용하게 사용할 수 있는 통계방법이 비모수통계방법이다. 비모수통계방법의 대표적인 것으

---

1 sum of square에서 square는 자승, 또는 제곱으로 번역한다. 이 책에서는 제곱으로 통일한다.

로 χ^2 *(chi-square)* 분석 등이 있다.

3. Windows용 SPSS/PC⁺ 프로그램

연구자가 통계방법을 사용해 데이터를 분석할 때에는 SPSS/PC⁺와 같은 통계 프로그램을 이용한다. 데이터를 분석하는 통계 프로그램은 여러 가지가 있다. SPSS/PC⁺를 비롯해서 SAS와 BMDP, MINITAB 같은 통계 프로그램이 있다. 이 책에서는 일반적으로 많이 이용하는 Windows용 SPSS/PC⁺의 데이터 분석방법을 제시하고, 결과를 해석하는 방법을 살펴본다.

Windows용 SPSS/PC⁺를 실행하는 방법에는 두 가지가 있다. 첫째는 SPSS/PC⁺ Syntax Editor를 사용하여 연구자가 프로그램을 만들어 실행하는 방법이고, 둘째는 메뉴판을 이용하는 방법이다. 두 방법에는 장·단점이 있는데, SPSS/PC⁺ Syntax Editor를 사용할 경우, 직접 프로그램을 만드는 수고를 해야 하는 반면 조금 익숙해지면 쉽게 만들 수 있을 뿐 아니라 여러 가지 통계방법을 실행하여 한 번에 결과를 얻을 수 있는 장점이 있다. 반면 메뉴판을 이용할 경우, SPSS/PC⁺에 대한 지식이 많지 않아도 프로그램을 실행할 수 있는 장점이 있지만, 특정 프로그램을 실행하기 위해 거쳐야 하는 단계가 많고, 데이터를 변환할 때 약간 번거롭고, 한 번에 한 가지 프로그램밖에 실행할 수 없는 단점이 있다.

이 책에서는 SPSS/PC⁺에 익숙하지 않은 독자를 위해 SPSS/PC⁺(20.0) 메뉴판을 이용하여 데이터를 변환하고, 프로그램을 실행하여 결과를 얻는 방법을 설명한다.

참고문헌

오택섭·최현철 (2003), 《사회과학 데이터 분석법 ①》, 나남.
최현철·김광수 (1999), 《미디어연구방법》, 한국방송대학교출판부.

Kerlinger, F. N. (1973), *Foundations of Behavioral Research* (2nd ed.), New York: Holt, Rinehart and Winston.

연습문제

주관식

1. 과학적 연구방법 중 조사방법의 목적을 설명하시오.

2. 과학적 연구방법 중 통계방법의 목적을 설명하시오.

3. 기술통계(*descriptive statistics*)의 목적을 정리해 보시오.

4. 추리통계(*inferential statistics*)의 목적을 정리해 보시오.

객관식

1. "데이터를 수집하는 방법을 (   )방법이라고 하고, 데이터를 분석하는 방법을 (   )방법이라고 한다"에서 (   )에 들어갈 용어가 맞게 짝지어진 것을 고르시오.
   ① 통계, 조사
   ② 조사, 추리
   ③ 조사, 통계
   ④ 통계, 추리

2. 표본의 주요 특징을 서술하는 통계방법은 무엇인지 고르시오.
   ① 추리 통계
   ② 모수 통계
   ③ 비모수 통계
   ④ 기술 통계

3. 표본의 결과가 모집단의 결과인지를 판단하는 통계방법은 무엇인지 고르시오.
   ① 추리 통계
   ② 기술 통계
   ③ 모수 통계
   ④ 비모수 통계

해답: p. 261

과학적 연구절차와 구성 요소 · 2

1. 과학적 연구과정

사회과학의 연구절차는 〈표 2-1〉에 제시되어 있는데, 이를 개괄적으로 살펴보자.

첫 번째로 연구자는 연구하고 싶은 연구문제를 선정한다. 그러나 연구문제를 선정했다고 해서 바로 연구를 할 수 있는 것은 아니다. 왜냐하면 연구문제를 정했지만 다른 연구자들이 이미 그 문제를 연구했던 것일 수 있거나 연구할 만한 가치가 없다고 판단된 것일 수도 있기 때문이다.

〈표 2-1〉 사회과학 연구절차

1. 연구문제 선정

⬇

2. 기존연구 검토

⬇

3. 이론 및 가설 제시

⬇

4. 연구방법 제시

⬇

5. 연구결과 제시 및 해석

⬇

6. 결론 및 논의

두 번째로 연구자는 기존연구를 검토한다. 기존연구 검토는 과거에 이루어진 연구경향과 범위를 파악하여 연구문제를 좀더 명확하게 만들기 위해, 또한 과거의 연구들이 지닌 문제점이 무엇인지를 알아보기 위해 이루어진다. 연구자가 선정한 연구문제가 아무리 흥미로운 것이라 하더라도 이에 대한 과거의 연구들이 완벽하게 이루어졌다면 이를 다시 연구할 필요가 없다.

세 번째로 연구자는 기존연구들의 문제점을 보완 또는 개선할 수 있는 이론을 찾기나 때로는 새로운 이론을 만들어서 이를 기존이론의 대안으로서 제시한다. 그리고 이 이론의 타당성을 구체적으로 검증할 수 있는 연구가설을 만들어 제시한다.

네 번째로 연구자는 가설을 검증할 수 있는 수단인 과학적 연구방법을 제시한다. 땅을 파는 도구로서 호미도 있고 삽도 있을 때 특정 상황에서 가장 적합한 도구가 무엇인지를 판단하여 선택하듯이, 연구자는 여러 가지 연구방법 중에서 연구문제를 가장 잘 해결할 수 있는 방법을 선택한다.

다섯 번째로 연구방법을 이용하여 데이터를 분석한 후 연구결과를 제시한다. 연구결과에 따라 연구자는 자신이 내세운 연구가설의 수용 여부를 판단한다.

여섯 번째로 결론과 논의를 하면서 연구를 끝낸다. 연구자는 결론과 논의부분에서 연구결과를 요약하고, 가설검증을 통해 이론이 적절했는지를 판단하고, 연구가 지닌 의의를 다시 한 번 되새겨 본다. 또한 연구의 한계점과 미래의 연구방향을 제시한다.

이 여섯 가지 과학적 연구절차를 좀더 구체적으로 살펴보자.

2. 연구문제 선정

연구의 성공과 실패는 어떤 연구문제를 선정하느냐에 달려 있다 해도 과언이 아니다. 그만큼 연구문제 선정이 중요하다. 훌륭한 연구자는 참신한 연구문제를 제시하는 사람이다. 많은 사람은 연구문제를 선정하는 것이 뭐 그리 중요한가 생각할지 모르지만, 인류의 발전은 새로운 연구문제를 제기했던 사람에 의해 이룩되었다고 말할 수 있다. 새롭게 제기한 연구문제에 대한 해답을 당장 찾지 못할 수 있지만 언젠가는 누군가가 해답을 찾아낼 것이다.

다음 이야기는 좋은 연구문제를 제기하는 것이 얼마나 중요한지를 보여준다.

어떤 사람이 가로등 아래에서 무엇인가를 열심히 찾고 있었다. 지나가던 사람이 "무엇을 잃어버렸느냐"고 질문하자, 그 사람은 "열쇠를 잃어버려 찾고 있는 중"이라고 대답했다. 지나가던 사람이 잃어버린 열쇠를 찾는 일을 도와주겠다고 말했다. 둘이서 한참 찾아도 잃어버린 열쇠를 찾을 수가 없었다. 그러자 도와주던 사람이 열쇠를 잃어버린 사람에게 "당신이 열쇠를 잃어버린 곳이 바로 이곳입니까? 잘 생각해 보십시오. 아무리 찾아도 잃어버린 열쇠를 찾을 수 없으니 말입니다." 그러자 열쇠를 잃어버린 사람이 담담하게 대답했다. "아니오. 내가 열쇠를 잃어버린 곳은 이 가로등 밑이 아니라 저쪽 캄캄한 곳입니다." 도와주던 사람이 다시 물었다. "아니, 열쇠를 잃어버린 곳이 저 캄캄한 곳이라면 그곳에서 열쇠를 찾아야지, 왜 이 가로등 아래에서 찾습니까?" 그러자 물건을 잃어버린 사람이 다시 대답했다. "여기가 밝으니까요."

이 이야기에서 보듯이 잃어버린 열쇠를 찾기 위해서는 아무리 캄캄한 곳이라 하더라도 그곳에서 찾아야 한다. 밝은 빛이 있다고 해서 가로등 아래에서는 찾을 수 없다. 연구문제에 대한 해답을 얻기 위해서는 아무리 캄캄한 곳이라 해도 그곳에 가서 문제를 제기해야 된다는 말이다. 과학적 연구과정에서 좋은 연구문제를 제기하는 것보다 더 바람직한 것은 없다는 사실을 명심해야 한다.

연구자가 평소 관심 있는 연구문제를 선정한다 하더라도 좋은 연구문제를 제기한다는 것은 말처럼 그리 쉬운 일이 아니다. 뿐만 아니라 선정한 연구문제가 과연 연구할 만한 가치가 있는 것인지를 판단하는 것은 더욱 어렵다.

연구자는 어느 날 갑자기 운동을 하면서, 밥을 먹으면서, 또는 잠을 자다가 좋은 연구문제를 찾을 수 있다. 그러나 이러한 일은 잘 일어나지 않는다. 좋은 연구문제를 찾는 일반적 방법은 도서관을 찾아 연구자가 가진 문제의식과 관련된 문헌을 찾아보고, 다른 연구자들이 이루어 놓았던 연구 성과들을 면밀히 검토하는 것이다.

좋은 연구문제가 무엇인지를 판단하는 객관적 기준이 있는 것은 아니지만, 연구문제를 선정할 때 크게 다섯 가지 정도를 염두에 둘 필요가 있다.

첫 번째로 너무 광범위한 연구문제를 잡아서는 안 된다. 연구자가 욕심을 부려 모든 것을 하려고 덤벼들면 제대로 연구를 할 수 없게 된다. 예를 들어, 연구자가 텔레비전의 폭력 프로그램이 청소년에게 미치는 영향을 연구문제로 잡는다고 할 때 이 연구문제는 주어진 시간과 예산 내에서 연구하는 것이 거의 불가능하다. 일반적으로 텔레비전 장르는 15가지 정도로 구분되는데 15가지 장르에 속하는 폭력성 프로그램 전체를 연구하겠다는 것인지, 무엇인지가 불분명하다. 청소년에게 미치는 영향을 연구한다고 하지만 연구하자는 것이 폭력에 대한 태도인지, 폭력성향인지, 폭력행동인지가 불분명하고 너무 광범위하다. 연구자는 가능한 작은 연구문제를 잡는 것이 바람직하다. 앞서 말한 연구문제는 "텔레비전 폭력 드라마가 청소년의 폭력성향에 미치는 영향"으로 바꾸는 것이 낫다.

두 번째로 연구문제가 현실적으로 조사 가능한가를 생각해야 한다. 아무리 좋은 연구문제라 해도 조사하는 것이 현실적으로 불가능하거나 어려운 경우에는 연구 자체가 이루어질 수 없기 때문이다. 예를 들어 연구자가 전 세계 청소년의 텔레비전 노출시간을 비교하려는 연구문제를 잡으면 이것이 아무리 가치 있는 연구라고 하더라도 이 연구를 혼자 수행하는 것은 거의 불가능에 가깝다. 어떻게 한 연구자가 전 세계 180여 국가의 청소년의 텔레비전 노출시간을 연구할 수 있겠는가? 따라서 앞서 말한 연구문제는 현실적으로 조사 가능한 서울에 거주하는 고등학생을 대상으로 하는 것이 바람직하다.

세 번째로 연구문제가 연구할 만한 가치가 있는 것인가를 생각해야 한다. 연구를 할 때 과연 이 연구가 특정 분야의 발전에 공헌할 수 있는가를 생각해 보아야 한다. 연구문제를 제기함으로써 이론적·방법론적 발전에 기여할 수 있는지를 냉철하게 판단해야 한다. 거창한 연구를 하라는 것이 아니다. 작은 것이라도 창의적인 것이어야 한다.

네 번째로 연구문제를 연구할 비용과 시간은 얼마인지를 생각해 보아야 한다. 연구는 주어진 시간과 예산 내에서 이루어진다. 따라서 아무리 좋은 연구문제라 하더라도 그 연구를 하기 위해서는 100년이 걸린다든지, 엄청난 예산이 필요하다면 연구 자체가 이루어질 수 없다.

다섯 번째로 연구문제가 윤리적으로 문제가 없는지를 생각해야 한다. 연구자는 진공상태에서 살고 있는 존재가 아니다. 특정 사회의 구성원으로 살고 있는 사회적 존재이다. 따라서 연구문제를 정할 때 사회의 윤리적 문제로부터 자유로울 수 없다. 선정적인 영화가 어린이의 정서에 미치는 영향을 연구하기 위해 어린이들에게 포르노 영화를 보여주는 것은 아무리 의도가 좋다고 하더라도 여러 가지 윤리적 문제를 발생시킬 소지가 크기 때문에 조심하는 것이 바람직하다.

3. 기존연구 검토

기존연구 검토란 연구자가 제기한 연구문제와 직접적으로 관련된 연구들을 비판적으로 검토하는 것을 말한다. 따라서 기존연구 검토에서 연구문제와 직접 관련이 없는 문헌을 검토할 필요가 없다. 뿐만 아니라 관련이 있는 연구라 하더라도 기존연구들을 요약하여 나열해서는 안 된다.

기존연구의 검토를 통해서 지금까지 어떤 종류의 연구가 어느 정도 이루어졌는지를 알 수 있기 때문에 연구방향을 설정하는 데 도움을 받을 수 있다. 뿐만 아니라 기존연구들이 가진 문제점들을 파악함으로써 과거의 연구에 비해 좀더 나은 연구를 할 수 있다.

기존연구 검토는 지루하고 고통스러운 작업이다. 기존연구의 성과를 파악하기 위해서 도서관을 찾아 많은 시간과 노력을 들여야 하기 때문에 지루한 작업이다. 뿐만 아니라 기존연구의 문제점을 파악해야 하기 때문에 고통스러운 작업이다.

기존연구들의 성과와 문제점을 파악하는 일은 일반적으로 이론과 방법론 두 가지 측면에서 이루어진다.

첫 번째로 기존연구의 검토는 이론적 측면에서 이루어진다. 여기서 말하는 이론이란 개념들을 정의하고 이들 간의 관계를 설정하여 특정 현상을 설명하기 위한 틀이다. 건축할 때 필요한 청사진과 같다. 이론적 측면에서 기존연구의 성과와 문제점을 검토하기 위해서는 개념정의와 개념과 개념 간 논리적 관계를 중점적으로 검토해야 한다. 먼저 개념정의가 제대로 되어 있는지를 살펴보아야 한다. 개념정의가 제대로 되어 있다면 다음에 개념과 개념 간 관계가 논리적으로 명확하게 연결되어 있는지를 살펴보아야 한다. 언론학 이론 중의 하나인 이용과 충족이론(uses and gratifications)을 예로 들어보도록 하자. 이용과 충족이론에 따르면 수용자들의 미디어 이용동기에 따라 미디어 노출행위가 이루어진다고 한다. 이 연구가 제대로 이루어지기 위해서는 미디어 이용동기라는 개념과 미디어 노출행위라는 개념이 무엇을 의미하는지를 정확하게 정의해야 하고, 이 두 개념들 간의 관계를 명확하게 설정해야 한다. 만일 개념정의가 불명확하거나, 제대로 되지 못하고, 개념과 개념 간 연결이 논리적이지 못하다면 그 연구는 잘못된 것이다.

두 번째로 기존연구의 검토는 방법적 측면에서 이루어진다. 여기서 말하는 방법이란 이론의 타당성을 검토할 수 있는 도구를 의미한다. 방법적 측면에서 기존연구의 성과와 문제점을 검토하기 위해서는 개념측정의 적합성과 사용한 방법의 타당성을 중점적으로 검토해야 한다. 먼저 이론에서 제시한 개념이 제대로 측정되었는지를 살펴보아야 한다. 개념의 측정이 제대로 되어 있다면 다음에 개념 간의 관계를 분석하는 방법의 선택이 제대로 이루어졌는지를 살펴보아야 한다. 다시 이용과 충족이론의 예를 들어보도록 하자. 미디어 이용동기와 미디어 노출행위를 구체적으로 측정할 수 있는 문항을 만들어야 하고, 미디어 이용동기와 미디어 노출행위와의 관계를 분석할 수 있는 통계방법을 제대로 선정해야 한다. 만일 개념측정이 제대로 이루어지지 못하고, 개념 간의 관계를 분석할 수 있는 통계방법을 제대로 선택하지 못했다면 연구가치는 낮아질 수밖에 없다.

4. 이론 및 가설 제시

이론을 제시하는 부분에서는 기존연구 검토에서 제기한 문제점을 해결하기 위한 대안으로 기존이론을 부분적으로 보완하였거나 개선시킨 이론, 또는 전혀 새로운 이론을 제안하게 된다.

이론이란 특정 현상을 설명하기 위해 개념을 제시하고, 이들 개념 간의 상호관계를 체계적으로 기술해 놓은 진술문을 말한다. 이론은 건축에 필요한 청사진과 같은데, 건축할 때 청사진이 없다면 건물이 완성될 수 없거나 제대로 된 건물이 만들어질 수 없듯이 과학적 연구에서도 이론이 없다면 연구가 될 수 없거나 제대로 된 연구가 이루어질 수 없다.

이론에서는 개념들이 등장하고, 이들 개념 간의 상호관계가 제시된다. 좋은 이론이란 사용된 개념이 명확하게 정의되고 개념 간의 상호관계가 논리적으로 연결된 것으로 현상을 잘 설명할 수 있는 이론을 말한다. 반대로 나쁜 이론이란 사용된 개념이 정확하게 정의되어 있지 못하고 개념들 간의 관계가 체계적으로 연결되어 있지 못해서 현상을 잘 설명할 수 없는 이론을 말한다. 그러나 사회과학에서 말하는 좋은 이론이란 굳이 자연과학에서 나오는 이론처럼 공식으로 정리될 필요는 없다.

연구자는 이론을 제시한 다음 그 이론에 바탕을 둔 가설을 제시하게 된다. 물론 가설이 없는 연구도 있을 수 있다.

가설이란 변인 간 관계에 대해 검증 가능한 연구자의 주장을 말한다. 이론에서 제시하는 개념은 추상적이기 때문에 우리가 현실세계에서 눈으로 보거나, 귀로 듣거나, 코로 냄새를 맡거나, 입으로 맛보거나, 손으로 직접 느낄 수 없다. 예를 들면, 사랑이라는 것은 오감으로 느낄 수 없는 추상적 개념이다. 아마 사람마다 사랑에 대한 생각이 다를 것이다. 따라서 추상적 개념을 현실세계에서 구체적으로 검증할 수 있도록 조작적 정의 (operational definition)를 통해 수량화시켜야 한다. 수량화된 개념을 변인이라고 하는데 이 변인 간 상호관계에 대한 연구자의 주장을 가설이라고 한다.

가설에는 연구가설과 연구가설의 반대명제인 영가설이 있는데, 이에 대해서는 뒤(제9장)에서 자세히 살펴볼 것이다.

가설이란 변인 간 상호관계에 대해 검증 가능한 연구자의 주장이다. "어린이들이 폭력적인 영화에 많이 노출될수록 공격적 성향이 증가할 것이다"라든지, "방송대학교 학생들은 일반 대학생들보다 원격교육에 대해 긍정적 태도를 가질 것이다"와 같은 진술문이 가설의 예다.

좋은 가설이 무엇인지를 판단하는 객관적 기준이 있는 것은 아니지만, 가설을 만들 때에는 크게 네 가지 정도를 염두에 두어야 한다.

첫 번째로 가설은 이론과 모순되어서는 안 된다. 가설은 이론에서 도출된 것이기 때문에 이론에서 말하는 것과 다른 주장을 해서는 안 된다. 예를 들면, 이론에서는 폭력적인 영화가 어린이들의 공격적 성향을 증가시킬 것이라고 주장하는데, 가설에서는 반대로 주장한다면 가설로서의 가치가 없다.

두 번째로 가설은 변인 간의 논리적 일관성이 있어야 한다. 가설은 변인 간의 상호관계에 대한 주장으로서 변인 간의 상호관계가 논리적으로 서술되어야 한다.

세 번째로 가설은 간결하게 서술되어야 한다. 가설에서 변인 간의 상호관계가 복잡하게 서술되어 있으면 있을수록 변인 간의 관계를 검증하기가 어려워진다.

네 번째로 가설은 검증할 수 있어야 한다. 아무리 좋은 가설이라고 해도 현실적으로 조사와 분석이 불가능한 경우에는 가설 검증이 이루어질 수 없다.

5. 연구방법 제시

이론과 가설을 제시한 다음에는 이를 경험적으로 검증할 수 있는 연구방법을 제시하게 된다. 연구방법이란 가설을 검증할 수 있는 도구를 의미한다. 과학적 연구방법이 되기 위해서는 데이터 수집이 객관적으로 이루어져야 하고, 개념 정의 및 측정이 명확하게 이루어져야 하며, 가설을 검증할 때 사용하는 방법이 타당해야 한다.

연구방법을 제시하는 객관적 기준이 있는 것은 아니지만, 연구방법을 제시할 때에는 크게 세 가지 정도를 염두에 두어야 한다.

첫 번째로 객관적으로 데이터를 수집할 수 있는 방법을 선택해야 한다. 대부분의 사회과학 연구는 모집단을 가장 잘 대표하는 표본을 대상으로 이루어진다. 표본을 선정하는 방법은 제4장에서 자세히 배우겠지만, 표본을 잘 선정해야만 연구의 정당성이 확보된다는 사실을 명심해야 한다. 가설을 검증하기 위해 어떤 사람을 어떻게 선정했는지를 가급적 상세히 기술한다.

두 번째로 가설에서 제시한 변인을 제대로 정의하고 측정해야 한다. 예를 들면, 미디어 노출행위의 정의는 여러 가지가 있을 뿐 아니라 측정도 여러 가지 방법으로 할 수 있다. 연구의 가치를 높이기 위해서는 변인의 정의를 명확하게 하고 가장 타당한 방법을 사용해 측정해야 한다.

세 번째로 변인 간의 상호관계를 분석하는 방법을 제대로 선택해야 한다. 예를 들면, 일원변량분석을 사용해야 하는데 χ^2를 사용한다면 이는 잘못된 방법을 선택한 것으로 제대로 된 연구결과를 얻을 수 없다.

만일 데이터의 수집이 객관적으로 이루어지지 않고, 변인의 정의와 측정이 제대로 되지 못하고, 변인 간의 상호관계를 분석할 수 있는 통계방법이 제대로 선정되지 못한다면 연구가 잘못될 수밖에 없다.

6. 연구결과 제시 및 해석

연구결과 제시 및 해석 부분에서는 연구가설의 분석결과를 제시한다. 연구방법을 통해 분석결과를 해석하고 제시할 때는 신중을 기해야 한다. 분석결과는 외적 타당도와 내적 타당도의 기준을 가지고 해석해야 한다. 여기서 외적 타당도란 모집단과 장소와 시간에 구애됨이 없이 연구결과를 일반화시킬 수 있느냐의 문제이다. 따라서 외적 타당도가 결여된 연구는 다른 상황에 적용될 수 없는 한계를 가진다. 내적 타당도란 연구자가 의도했던 대로 측정과 조사가 이루어졌는가의 문제이다. 여러 가지 이유 때문에 처음에 의도했던 것과는 다르게 측정과 조사가 이루어지는 연구가 상당수에 달한다. 내적 타당도를 높이기 위해서는 연구가 진행되는 동안 항상 긴장하며 오류를 줄이려 노력해야 한다.

분석결과를 제시할 때에는 가능하면 연구자 자신의 주관적 언급은 피하고 발견한 객관적 사실을 독자들이 쉽게 이해할 수 있도록 쉬운 문장으로 내용을 체계적으로 정리해서 제시해야 한다.

7. 결론 및 논의

결론 및 논의 부분은 크게 세 부분으로 구성된다. 첫 번째 부분은 결과 요약부분으로서 연구사가 왜 이러한 연구를 했고, 어떠한 연구과정을 거쳐 연구했으며, 연구결과는 무엇인지를 밝힌다. 두 번째 부분은 연구의 한계를 서술하는 부분으로서 연구를 수행하는 과정에서 나타난 이론적·방법론적 문제를 기술한다. 세 번째 부분은 미래의 연구방향을 제시하는 부분으로 다른 연구자를 위해 앞으로 어떠한 연구가 어떻게 이루어졌으면 좋겠다는 연구자의 바람을 서술한다.

연습문제

주관식

1. 과학적 연구절차를 생각해 보시오.

2. 기존 문헌검토에서 무엇을 정리해야 하는지 설명해 보시오.

3. 이론과 가설에서 무엇을 제시해야 하는지 설명해 보시오.

4. 연구방법에서 무엇을 제시해야 하는지 설명해 보시오.

5. 연구결과 해석에서 무엇을 제시해야 하는지 설명해 보시오.

6. 결과와 논의에서 무엇을 정리해야 하는지 설명해 보시오.

객관식

1. 기존연구 검토에 대한 설명 중 틀린 것을 고르시오.
   ① 연구문제와 직접 관련이 있는 기존 연구를 검토한다
   ② 기존연구를 비판적으로 검토한다
   ③ 기존연구의 이론적, 방법론적 문제점을 찾아낸다
   ④ 가급적 많은 기존 연구를 요약하고 나열한다

2. 좋은 이론에 대한 설명 중 틀린 것을 고르시오.
   ① 복잡해야 한다
   ② 개념이 명확하게 정의되어야 한다
   ③ 현상을 잘 설명해야 한다
   ④ 개념 간의 관계가 명확하게 연결되어야 한다

3. 연구방법에 대한 설명 중 틀린 것을 고르시오.

① 변인을 분석하는 방법이다

② 데이터를 수집하는 방법이다

③ 가설을 만드는 방법이다

④ 변인을 측정하는 방법이다

4. 결론과 논의에서 서술할 사항 중 틀린 것을 고르시오.

① 연구의 한계를 쓴다

② 연구비용을 제시한다

③ 미래 연구방향을 서술한다

④ 연구결과를 요약한다

해답: p. 261

1. 개 념

과학적 연구방법의 목적은 가설검증을 통해 이론의 타당성을 밝히는 것이다. 이론이란 특정 현상을 설명하기 위해 개념(*concept*)을 제시하고, 이 개념 간의 상호관계를 논리적으로(또는 체계적으로) 서술한 일련의 진술문을 말한다. 따라서 과학적 연구를 하기 위해서 먼저 개념이 무엇인지를 알아야 한다.

개념이란 특정 현상을 설명하기 위해 만든 추상성이 강한 실체이다. 〈그림 3-1〉에서 보듯이 이용과 충족이론(*uses and gratifications*)은 동기에 따라 미디어 소비행태가 결정된다고 주장한다. 이때 동기와 미디어 소비행태가 개념이다. 그 밖에 사회과학 연구에서 자주 등장하는 '태도'라든지 '동기', '인지' 등도 개념이다.

〈그림 3-1〉 이용과 충족이론

2. 변인의 종류

개념은 추상성이 강하기 때문에 이 추상적 개념을 가지고서는 경험적으로 연구할 수 없다. 따라서 연구자들은 개념을 변인(*variable*)으로 만든다. 〈그림 3-2〉에서 보듯이 과학적 연구에서 변인이란 측정을 통해 수량화한 개념을 말한다. 따라서 수량화하지 않은 개념은 변인이 아니다. 예를 들어 연구자가 텔레비전 프로그램에 대한 수용자의 만족도를 연구한다고 가정하자. 만족도라는 개념을 '매우 만족한다'에 3점, '약간 만족한다'에 2점, '전혀 만족하지 않는다'에 1점을 부여할 때(즉 수량화하면) 이를 변인이라고 부른다.

　과학적 연구는 이론에서 제시한 추상적 개념 간의 상호관계를 분석하는 것이 아니라, 개념을 수량화시킨 변인 간의 상호관계를 연구한다.

　일반적으로 연구자는 변인 간의 상호관계에 인과관계(즉, 원인과 결과)를 설정하여 연구한다. 변인은 크게 독립변인(*independent variable*)과 종속변인(*dependent variable*) 두 가지로 나뉘는데 독립변인이란 연구자가 원인으로 여기는 변인을 말하고, 종속변인이란 독립변인의 결과로 나타나는 변인을 말한다.

　독립변인과 종속변인에 대한 구분은 연구목적에 따라 정해진다. 따라서 한 연구에서 독립변인이었던 변인이 다른 연구에서는 종속변인이 될 수 있다. 예를 들어 연구자가 폭력 드라마 시청이 청소년의 폭력성향에 미치는 영향을 연구한다고 가정하자. 이때 폭력 드라마 시청은 독립변인이고, 시청의 결과로 나타나는 폭력성향은 종속변인이다. 그러나 연구자가 성별이 폭력 드라마 시청에 미치는 영향을 연구하면 이때 성별은 독립변인이고, 폭력 드라마 시청은 종속변인이 된다.

〈그림 3-2〉 개념과 변인 간의 관계

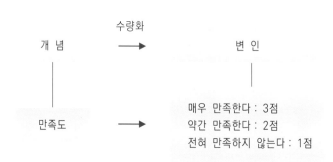

3. 조작적 정의

개념을 현실세계에서 관찰이 가능하도록 수량화하기 위해서는 개념을 다시 정의하게 되는데, 이를 조작적 정의(operational definition)라고 한다. 조작적 정의란 연구를 하기 위해 개념을 재정의하는 것을 말한다. 언론학 이론 중의 하나인 의제설정 이론(agenda-setting)의 '미디어 의제'라는 개념을 예로 들어보면, 개념 차원에서 미디어 의제란 미디어가 중요하게 보도하는 기사로 정의할 수 있다. 그러나 이 정의를 가지고 구체적 연구를 할 수 없기 때문에 미디어 의제를 구체적으로 측정하기 위해 다시 정의한다. 예를 들어, 신문의 경우 미디어 의제란 특정 기사가 차지하는 지면의 크기라고 조작적으로 정의한다.

4. 변인의 측정

변인의 측정(measurement)은 명명척도(nominal scale), 서열척도(ordinal scale), 등간척도(interval scale), 그리고 비율척도(ratio scale)의 네 가지 방법으로 이루어진다.

1) 명명척도

명명척도란 연구자가 어떤 현상에 대해 임의로(또는 자의로) 값을 부여하는 것을 말한다. 성별의 예를 들어보자. 연구자가 여성에게 1을, 남성에게 2라는 값을 부여했을 경우 1과 2라는 값에는 아무런 의미가 없다. 연구자가 여성과 남성을 구분하기 위해 1과 2라는 값을 부여했을 뿐이다. 종교의 경우, 연구자가 불교에 1, 기독교에 2, 천주교에 3이라는 값을 부여했다면 이는 연구자가 임의로 값을 부여한 것에 불과하다.

명명척도로 측정하는 데 주의해야 할 점은 현상을 분류할 때 분류 항목이 상호배타적(mutually exclusive)이어야 한다는 것이다. 상호배타적이란 어느 한 항목에 속한 사람이 다시 다른 어느 항목에 속해서는 안 된다는 것이다.

〈표 3-1〉 명명척도의 예

귀하의 성별은 무엇입니까? ( )　　① 여성　② 남성

2) 서열척도

서열척도란 연구자가 어떤 현상을 순위에 따라 등급을 매겨 수량화하는 것을 말한다. 서열척도의 대표적 예로 1등, 2등, 3등 같은 석차를 들 수 있다. 명명척도와는 달리 서열척도의 값은 수학적 의미를 가진다. 석차의 경우, 1등은 2등보다 성적이 높고, 2등은 3등보다 성적이 높다는 것을 의미한다. 그러나 서열척도에서는 이들 등급 사이의 차이가 얼마나 되는지를 알 수 없다. 1등과 2등의 성적 차이는 1점일 수 있는 반면에 2등과 3등의 성적 차이는 50점일 수도 있기 때문이다.

〈표 3-2〉 서열척도의 예

귀하의 학교 성적은 어느 정도입니까? ( )   ① 상 ② 중 ③ 하

3) 등간척도

등간척도란 연구자가 어떤 현상에 인접 점수 간의 간격을 같도록 만들어 수량화하는 것을 말한다. 등간척도의 대표적 예로 IQ를 들 수 있다. 등간척도에서는 인접 점수 간의 차이가 같기 때문에 IQ 120과 121의 차이 1과 121과 122의 차이 1은 같다. 그러나 등간척도는 절대 영점이 없다는 한계가 있다. 지능지수의 예를 들어보면, IQ가 0인, 즉 지능이 전혀 없는 사람이란 없다. 절대 영점이 없기 때문에 현상 간의 비례적 특성을 비교할 수 없다. 따라서 지능지수 200인 사람이 지능지수 100인 사람보다 2배만큼 머리가 좋다고 말할 수 없다.

〈표 3-3〉 등간척도의 예

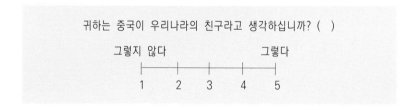

4) 비율척도

비율척도란 등간척도의 속성을 가진 동시에 절대 영점을 가진 현상에 값을 부여하는 것을 말한다. 비율척도의 대표적 예로 몸무게와 키, 속도 등을 들 수 있다. 등간척도와는 달리 비율척도에는 절대 영점이 있기 때문에 현상 간에 비례적 비교가 가능하다. 몸무게의 예를 들어보면, 50kg인 사람은 25kg인 사람보다 2배 더 무겁다고 할 수 있다. 그리고 100㎞로 달리는 자동차는 5㎞로 달리는 자동차보다 2배 빠르게 달리고 있다고 말할 수 있다.

변인을 측정할 때 주의해야 할 점이 있다. 변인의 측정방법에 따라 통계방법이 결정되기 때문에 변인을 수량화할 때에는 신중히 생각해서 결정해야 한다. 예를 들면, 독립변인과 종속변인을 명명척도로 측정하였다면 이 경우 사용할 수 있는 통계방법은 χ^2 방법밖에 없다. 독립변인과 종속변인을 등간척도(또는 비율척도)로 측정했을 때 변인 간의 인과관계를 분석하기 적합한 통계방법은 회귀분석방법이다. 이처럼 변인의 측정방법에 따라 사용하는 통계방법이 달라지기 때문에 연구자는 변인을 측정할 때 향후 사용할 통계방법을 고려해야 한다.

〈표 3-4〉 비율척도의 예

귀하는 하루 평균 텔레비전을 어느 정도 봅니까? ( ) 시간

5. 측정의 타당도

변인의 측정이 제대로 되지 못한다면 그 연구는 가치 없는 연구로 전락하기 때문에 측정이 제대로 된 것인지를 판단해야 한다. 변인 측정이 제대로 되었는지를 판단하기 위해서는 타당도(*validity*)와 신뢰도(*reliability*) 두 가지 측면에서 살펴보아야 한다.

측정의 타당도란 연구자가 측정하고자 하는 것을 측정하였는가를 판단하는 것이다. 타당도는 개념의 정의와 조작적 정의가 일치하는가를 평가하는 것이다.

타당도에는 네 가지 유형이 있는데, 첫째는 외관적 타당도(*face validity*), 둘째는 예측 타당도(*predictive validity*), 셋째는 공인 타당도(*concurrent validity*), 넷째는 구성 타당도(*construct validity*)이다.

외관적 타당도란 측정방법이 언뜻 보기에 측정하고자 하는 것을 제대로 측정하는지의 여부를 검사하는 것이다. 예를 들면, 무게를 측정할 때 저울 대신에 자로 측정하였다면

<표 3-5> 타당도의 유형

주관적 판단에 근거	기준에 근거	이론에 근거
외관적 타당도	예측 타당도 공인 타당도	구성 타당도

이는 잘못된 것이다.

　예측 타당도란 측정방법이 미래에 나타날 결과를 얼마나 정확하게 예측할 수 있는지를 검증해 보는 것이다. 예를 들면, 선거에서 어느 후보가 승리할 것인가를 예측하기 위한 측정에서 얻은 수치는 실제 투표결과와 비교해서 검증할 수 있다. 특정 측정방법으로 실제 투표결과를 정확하게 예측하였다면 그 측정방법의 예측 타당도가 높다고 할 수 있다.

　공인 타당도란 측정방법이 현존하는 기준과 비교하여 검증함으로써 알 수 있는 것이다. 예를 들면, 청소년의 폭력성향에 관한 측정방법을 통해 폭력적인 청소년과 비폭력적인 청소년을 구별할 수 있다면 이 측정방법은 공인 타당도가 높다고 할 수 있다.

　구성 타당도란 측정방법이 전체 이론 속에서 다른 개념들과 논리적·경험적으로 제대로 연결되었는가를 검증함으로써 알 수 있는 것이다. 예를 들면, 연구자가 폭력 드라마 시청량이 청소년의 폭력성향에 영향을 미친다는 가설을 검증할 때 이 두 변인 간의 관계가 높게 나왔다면 측정방법의 구성 타당도가 높다고 할 수 있다.

6. 측정의 신뢰도

변인의 신뢰도(reliability)란 크게 두 가지를 의미한다. 첫째, 한 가지 측정방식을 가지고 시간차를 둔 상이한 시점에서 각각 사용해서 일관성 있는 측정결과를 얻을 수 있는지를 판단하는 것이다. 사람 간의 관계를 예로 들어보면, 특정 사람의 행동이 어제도 오늘도 같다면 그 사람은 신뢰할 만하다고 말하지만, 어제와 오늘의 행동이 일관성이 없어 예측할 수 없다면 그 사람은 신뢰할 만하지 못하다고 말한다. 측정방법의 경우에도 다른 시점에서 일관성 있는 결과를 얻었다면 그 측정방법은 신뢰할 만한 것이고, 그렇지 못할 때에는 믿을 수 없는 측정방법이다.

　둘째, 신뢰도란 동일 대상에 대한 유사한 측정방법들 사이에 일관성 있는 측정결과를 얻을 수 있는지를 판단하는 것이다. 예를 들면, 금반지의 무게를 측정할 경우 한 금은방에서 쓰는 저울과 다른 금은방에서 쓰는 저울이 같은 결과를 냈다면 그 측정방법은 신뢰할 만한 것이다.

참고문헌

오택섭·최현철 (2003), 《사회과학 데이터 분석법 ①》, 나남.
최현철·김광수 (1999), 《미디어연구방법》, 한국방송대학교출판부.

Kerlinger, F. N. (1973), *Foundations of Behavioral Research* (2nd ed.), New York: Holt, Rinehart and Winston.
Miller, D. C. (1977), *Handbook of Research Design and Social Measurement* (3rd ed.), New York: Longman Inc.
Nie, N. H. et al. (1975), *SPSS: Statistical Package for the Social Sciences* (2nd ed.), New York: McGraw-Hill Book Company.
Pedhazur, E. J., & Schmelkin, L. (1991), *Measurement, Design, and Analysis: An Integrated Approach* (Student ed.), Lawrence Erlbaum Associates.

연습문제

주관식

1. 개념(*concept*)이 무엇인지 설명하시오.

2. 변인(*variable*)이란 무엇인지, 또한 어떠한 종류가 있는지 설명해 보시오.

3. 조작적 정의(*operational definition*)가 무엇인지 설명하시오.

4. 변인의 네 가지 측정방법을 비교하여 설명해 보시오.

5. 타당도(*validity*)의 의미를 정리해 보시오.

6. 신뢰도(*reliability*)의 의미를 정리해 보시오.

객관식

1. 수량화한 개념이 무엇인지 고르시오.
   ① 변량
   ② 변인
   ③ 가설
   ④ 이론

2. "원인으로 여기는 변인을 (　)변인이라고 하고, 결과로 나타나는 변인을 (　)변인이라고 한다"에서 (　)에 들어갈 용어가 맞게 짝지어진 것을 고르시오.
   ① 종속, 독립
   ② 독립, 매개
   ③ 독립, 종속
   ④ 종속, 조절

3. 수량화하기 위해 개념을 다시 정의하는 것을 무엇이라 하는지 고르시오.

   ① 연역적 정의

   ② 경험적 정의

   ③ 귀납적 정의

   ④ 조작적 정의

4. 변인의 측정방법 중 틀린 것을 고르시오.

   ① 명명척도

   ② 등간척도

   ③ 영점척도

   ④ 서열척도

5. 연구자가 측정하고 싶은 것을 제대로 측정했는지를 평가하는 것이 무엇인지
   고르시오.

   ① 신뢰도

   ② 수량화

   ③ 조작적 정의

   ④ 타당도

6. 신뢰도에 대한 설명 중 맞는 것을 고르시오.

   ① 한 가지 측정방법이 여러 시점에서 일관성 있는 결과를 얻는지 판단하는 것이다

   ② 개념의 정의와 조작적 정의가 일치하는지 판단하는 것이다

   ③ 유사한 측정방법들 간에 다른 결과가 나오는지 판단하는 것이다

   ④ 측정하고자 하는 것을 제대로 측정했는지 판단하는 것이다

해답: p. 261

1. 모집단과 표본

제 1장에서 살펴봤듯이, 연구자가 연구를 할 때 관심을 가지는 전체 대상을 모집단이라
고 부른다. 예를 들어, 연구자가 폭력 영화가 청소년의 폭력성향에 미치는 영향을 연구
한다고 하면 이때 모집단은 우리나라 전체 청소년이다. 다른 예를 들어보면, 연구자가
대통령 후보자 간의 텔레비전 토론이 유권자의 투표행위에 미치는 영향을 연구한다고 하
면, 이때 모집단은 우리나라 전체 유권자이다. 모집단을 대상으로 하는 조사를 전수조사
라고 하는데, 연구자가 모집단을 대상으로 연구할 수만 있다면 그렇게 하는 것이 가장
바람직하다. 만일 연구자가 모집단을 대상으로 연구한다면 사회조사방법 및 통계방법의
상당 부분을 공부할 필요가 없게 될 것이다. 사회과학 연구방법에 대해 공포심을 가진
학생들에게 희소식이 아닐 수 없다.

그러나 사회과학에서 모집단을 대상으로 연구하는 경우는 극히 이례적이거나 거의 없
다고 해도 과언이 아니다. 즉, 시간적·금전적 이유 때문에 모집단을 대상으로 연구할
수가 없을 뿐 아니라 모집단을 연구한다는 것은 불필요하다. 대부분의 사회과학 연구는
모집단을 가장 잘 대표할 수 있는 부분인 표본을 대상으로 이루어진다. 〈그림 4-1〉에서
보듯이 표본이란 모집단을 가장 잘 대표하도록 선정된 모집단의 부분집합이다.

어떻게 하는 것이 모집단을 가장 잘 대표할 수 있는 표본을 선정하는 것일까? 조사를
할 때 연구자가 잘 알고 있는 친구나 이웃만을 표본으로 선정한다든지, 특정 집단만을
표본으로 선정한다면 표본의 대표성이 없기 때문에 아무리 표본의 수가 많다고 하더라
도 제대로 표본을 선정한 것이라고 할 수 없다. 그러나 표본이 적절한 방법에 따라 선정
되어 모집단을 대표한다면 표본의 연구결과는 모집단의 연구결과로 유추할 수 있다.

〈그림 4-2〉와 같이 모집단에서 표본을 추출하는 방법을 표집방법(sampling method)이라고 한다. 표집방법은 크게 확률 표집방법(probability sampling method)과 비확률 표집방법(non-probability sampling method)으로 나누어진다.

확률 표집방법을 사용하여 표본을 선정할 것인가, 아니면 비확률 표집방법을 사용하여 표본을 선정할 것인가는 연구자가 연구목적을 비롯하여 비용과 시간적 제약 등을 고려하여 결정할 문제이지만 일반적으로 확률 표집방법을 사용하여 표본을 선정하는 것이 바람직하다.

확률 표집방법이 비확률 표집방법보다 왜 바람직한지 그 이유를 살펴보자. 연구자가 표본을 대상으로 연구를 하면 아무리 잘 연구했다 하더라도 여러 가지 이유로 인해 표본의 조사결과와 모집단의 조사결과는 차이가 날 수밖에 없다. 예를 들면, 표본을 대상으로 한 대통령 선거나 국회의원 선거결과와 실제 선거결과는 차이가 날 수밖에 없다. 모집단의 결과와 표본의 결과의 차이를 표집오차(sampling error)라고 하는데 확률 표집방법은 확률이론에 따라 표본을 선정하기 때문에 표집오차를 계산할 수 있고, 그 결과 표본의 결과로부터 상당히 정확하게 모집단의 결과를 유추할 수가 있다. 그러나 비확률 표집방법은 확률이론에 따라 표본을 선정하는 것이 아니라 연구자가 자의적으로 표본을

〈그림 4-1〉 모집단과 표본과의 관계

〈그림 4-2〉 표집방법의 종류

선정하기 때문에 표집오차를 계산할 수 없고, 표본의 결과로부터 모집단의 결과를 정확하게 유추할 수가 없다. 따라서 가능한 한 연구자는 확률 표집방법을 사용하여 표본을 선정하는 것이 바람직하다. 확률표집이 바람직한 것은 사실이지만 때로는 어쩔 수 없이 비확률 표집방법을 사용할 수밖에 없는 상황이 있다. 따라서 비확률 표집방법이라고 무조건 배척할 필요는 없다.

2. 확률 표집방법

〈그림 4-3〉에서 보듯이 확률 표집방법에는 첫째, 무작위 표집방법(*random sampling method*), 둘째, 체계적 표집방법(*systematic sampling*), 셋째, 유층별 표집방법(*stratified sampling method*), 넷째, 군집 표집방법(*cluster sampling method*)과 다섯째, 군집 표집방법을 약간 변형시킨 방법으로 다단계 표집방법(*multi-stage sampling method*)이 있다. 각 방법을 구체적으로 살펴보자.

〈그림 4-3〉 확률 표집방법의 종류

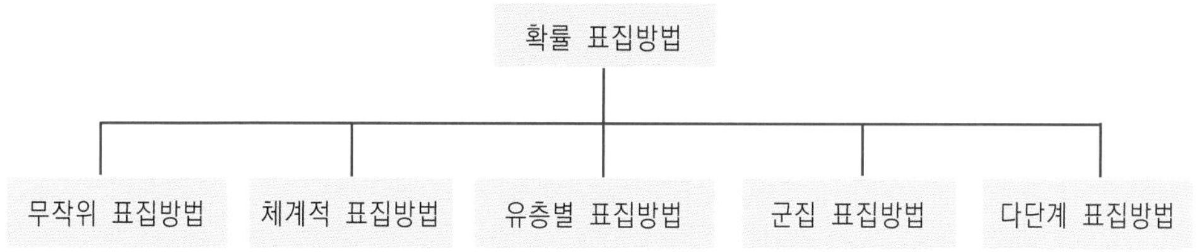

1) 무작위 표집방법

무작위 표집방법은 확률 표집방법의 가장 기본이 되는 방법이다. 무작위 표집방법은 모집단을 구성하는 모든 사람이 표본으로 선정될 동등한 기회를 가질 수 있도록 표본을 선정하는 방법이다. 가장 일반적으로 사용하는 무작위 표집방법을 살펴보면, 연구자는 난수표(*a table of random numbers*)를 만들어서 한 사례를 선택하고, 이 사례를 제외한 나머지 사례들 중에서 다시 한 사례를 선정하는 것이다. 예를 들어 연구자가 20명으로 이루어진 모집단에서 5명을 표본으로 선정하여 연구를 하고 싶다면 〈그림 4-4〉와 같이 20명에게 00에서 19까지 수치를 부여하고, 이 숫자를 큰 종이에 아무렇게나 나열하여 난수표를 만든다. 만일 연구자가 13이라는 번호를 처음 선택했다면 나머지 네 개는 연구자 나름대로 규칙을 정하여 선정하면 된다.

무작위 표집방법의 장점과 단점에 대해 살펴보도록 하자.

19	16	00	03	11
09	15	04	⑬	05
07	08	10	06	18
01	12	14	02	17

(1) 장 점

무작위 표집방법의 장점은 확률 표집방법의 가장 기본이 되는 방법으로서 모집단에 대한 자세한 지식이 없어도 모집단을 가장 잘 대표하는 표본을 선정할 수 있다는 것이다. 뿐만 아니라 표본의 조사결과를 모집단에 유추할 때 오류를 줄일 수 있는 장점이 있다.

(2) 단 점

무작위 표집방법의 단점은 모집단의 명단을 난수표로 만들어야 하기 때문에 모집단이 클 경우 난수표를 만들기가 어렵다는 것이다. 비용도 많이 든다. 이러한 단점으로 인해 실제로 무작위 표집방법은 잘 사용되지 않으며 다음에 소개하는 다른 확률 표집방법들이 많이 사용된다.

2) 체계적 표집방법

체계적 표집방법이란 모집단에서 k번째 사람을 표본으로 선정하는 방법을 말한다. 예를 들어 연구자가 100명의 모집단에서 20명의 표본을 선정한다면 연구자는 먼저 출발점과 표집간격을 무작위로 선정하여 표본을 선택한다. 만일 출발점으로 5번을 선택하고, 표집간격을 5번째 사람으로 정하였다면, 5, 10, 15, 20, 25번째 순으로 20명의 표본을 선정한다.

체계적 표집방법은 전화번호부와 같은 명부를 이용하여 전화조사를 할 때 유용하게 사용하는 방법이다. 이 경우 전화번호부에 나온 사람을 모집단으로 하여 출발점을 정하고 표집간격을 k번째로 정하여 표본을 선정한다.

체계적 표집방법의 장점과 단점에 대해 살펴보도록 하자.

(1) 장점

체계적 표집의 장점은 표본 선정이 쉽고 비용이 적게 든다는 것이다.

(2) 단점

체계적 표집방법의 단점은 모집단에 대한 완벽한 명부를 얻어야 표본 선정이 제대로 이루어질 수 있는데 완벽한 명부를 얻는다는 것이 어려울 때가 많다는 것이다. 뿐만 아니라 주기성의 문제가 발생해 특정 집단의 사람이 더 많이 표본으로 선정될 수 있다. 예를 들면, 전화번호부에 등재된 사람을 표본으로 선정할 경우, 김 씨가 한 씨보다 더 많아 때로는 김 씨가 불필요하게 더 많이 선정될 수 있다.

3) 유층별 표집방법

유층별 표집방법(층화 표집방법이라고 부르기도 한다)이란 연구자가 중요하다고 생각하는 특성이 모집단에서 차지하는 비율에 따라 표본을 그에 맞게 선정하는 방법을 말한다. 예를 들어, 연구자가 100명의 모집단에서 50명의 표본을 선정할 경우 모집단의 남녀 성비가 60%대 40%라는 사실을 알고 있다면, 이 비율을 표본 선정에 반영하여 50명 중 60%인 30명을 남성으로, 50명의 40%인 20명을 여성으로 선정한다. 성별뿐 아니라 연령, 교육 등 다른 주요 특성의 비율에 따라 표본을 선정할 수 있다.

유층별 표집방법은 유사한 특징을 가진 모집단으로부터 표본을 선정할 때 사용하는 방법으로 표집오차를 줄일 수 있다.

(1) 장점

유층별 표집의 장점은 연구자가 선택한 특성의 비율이 고려되기 때문에 대표성이 잘 보장된다는 것이다. 그 결과로 표집오차를 줄일 수 있다.

(2) 단점

유층별 표집의 단점은 표본 선정을 위해서 연구자가 선정한 주요 특성에 따른 모집단에 대한 정보를 알아야 한다는 것이다. 그러나 연구자가 원하는 정보가 없는 경우가 상당히 있는데 이때는 유층별 표집방법을 사용할 수가 없다. 뿐만 아니라 여러 가지 특성의 비율에 따라 표본을 선정할 경우 표본의 수가 많아야 하기 때문에 비용이 많이 들 수 있다.

4) 군집 표집방법

연구자가 중요하다고 생각하는 특성에 대한 정보가 없을 경우 군집 표집방법(집락 표집 방법이라고 부르기도 한다)을 사용하면 쉽게 표본을 선정할 수 있다. 군집 표집방법이란 특정 집단을 단위로 삼아 표본을 추출하는 방법이다. 예를 들어 연구자가 서울에 살고 있는 사람의 텔레비전 시청행태를 조사하고자 할 때 무작위 표집방법을 사용하여 표본을 추출하면 시간도 많이 필요하고 절차도 복잡하다. 이때 서울을 구로 분할하고 그 중에서 하나, 또는 몇 개를 무작위로 선택하여 표본을 선정하면 된다. 그러나 선정한 특정 집단이 독특한 성격을 가질 경우 조사결과 잘못될 수가 있기 때문에 가능한 한 집단을 작게 나누어 표본을 선정하는 것이 바람직하다.

　군집 표집방법의 장점과 단점을 살펴보도록 하자.

(1) 장 점
군집 표집방법의 장점은 모집단의 부분집단만 표집하면 되기 때문에 시간과 비용을 줄일 수 있다는 것이다.

(2) 단 점
군집 표집의 단점은 표본으로 선정한 집단이 모집단을 대표하지 못하는 경우가 발생할 수 있고, 그 결과 표집오차가 증가할 수 있다는 것이다.

5) 다단계 표집방법

다단계 표집방법은 군집 표집방법의 문제점을 보완하기 위해 나온 방법으로서 군집 표집 방법을 수정한 것이다. 〈그림 4-5〉에서 보듯이 다단계 표집방법에서는 먼저 가장 큰 집

〈그림 4-5〉 다단계 표집방법

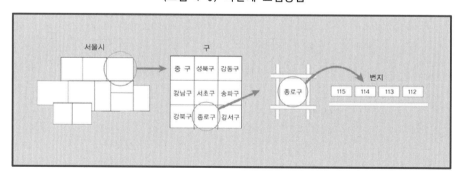

단을 나누어 표본으로 선정한 후, 다음으로 각 집단을 다시 하위집단으로 나누어 표본으로 재선정한 후, 마지막으로 하위집단에 속한 개별 가정을 표본으로 선정하게 된다. 예를 들어, 연구자가 우리나라 유권자의 투표성향을 연구할 때 먼저 전국을 서울과 광역시·도로 구분하고, 구를 다시 시·군으로 나누고, 시는 통·반으로 세분화하고, 군은 읍·면으로 세분화하여, 최종적으로 반이나 면에 속한 사람을 표본으로 선정한다.

표집방법은 연구목적, 비용과 시간 등 여러 요인에 따라 선정되는데 반드시 한 가지 표집방법만 사용할 필요는 없다. 최근 들어 가장 많이 사용하는 방법은 유층별 표집방법과 다단계 표집방법을 합해 만든 다단계 유층별 표집방법이다. 다단계 유층별 표집방법이란 모집단의 주요 특성별 비율에 따라 표본의 수를 정하고, 이 수에 맞추어 다단계로 표본을 선정하는 것이다.

3. 비확률 표집방법

〈그림 4-6〉에서 보듯이 비확률 표집방법은 첫째, 할당 표집방법(*quota sampling method*), 둘째, 가용 표집방법(*available sampling method*), 셋째, 의도적 표집방법(*purposive sampling method*)으로 나누어 볼 수 있다.

〈그림 4-6〉 비확률 표집방법의 종류

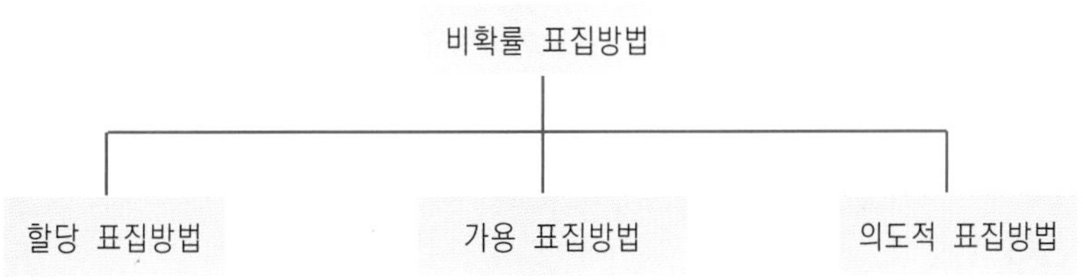

1) 할당 표집방법

할당 표집방법은 유층별 표집방법과 달리 모집단의 주요 특성의 비율에 따라 표본의 수를 선정하는 것이 아니라 연구자가 임의대로 표본의 수를 정하는 방법을 말한다. 예를 들어 연구자가 모집단 100명 중 표본 50명을 선정할 때 남녀의 수를 각각 25명씩 임의대로 선정하는 것이다.

2) 가용 표집방법

가용 표집방법은 자발적으로 조사에 응하는 사람이나 쉽게 구할 수 있는 사람을 표본으로 선정하는 방법을 말한다. 가용 표집방법의 대표적 예는 수업을 수강하는 학생들을 표본으로 선정하여 연구하는 것이다.

3) 의도적 표집방법

의도적 표집방법은 연구자가 연구하고 싶은 특정 대상만을 의도적으로 표집하는 방법을 말한다. 예를 들어, 연구자가 특정 상품을 구입한 소비자들의 소비성향을 조사하고 싶을 때 연구자는 특정 상품을 구입한 사람만을 의도적으로 선정하고, 특정 상품을 구입하지 않은 사람은 의도적으로 배제하는 것을 말한다.

4. 표집오차

대부분의 사회과학 연구는 모집단이 아니라 표본을 대상으로 이루어지기 때문에 표본의 결과와 모집단의 결과는 차이가 날 수밖에 없다. 모집단의 결과와 표본의 결과와의 차이를 표집오차(*sampling error*)라고 부른다(표집오차에 대해서는 제8장에서 자세히 살펴본다). 여기서는 표집오차의 예를 들어보고 어떻게 해석하는지를 살펴보도록 하겠다. 우리는 신문의 여론조사 보도에서 "특정 후보의 지지도는 30% ±3"이라는 내용을 쉽게 접했을 것이다. 이 때 ±3이 바로 표집오차를 의미한다. 즉, 이 조사는 표본 조사이기 때문에 이 결과를 모집단에 유추할 때에는 평균값의 앞뒤로 3% 정도 오차가 날 수 있다는 말이다. 따라서 특정 후보자의 지지도 30% ±3이란 표본의 결과로 유추해 볼 때 모집단의 결과는 27%에서 33% 사이 어딘가에 있다는 말이다.

5. 표본의 크기

어느 정도의 크기를 가진 표본을 선정하는 것이 바람직한가? 이 문제는 매우 까다로운 문제로 정답은 없다. 표본의 크기는 연구문제와 시간, 비용에 따라 결정된다. 즉, 시간이 많고, 비용이 충분하면 할수록 많은 수의 표본을 선정해도 괜찮지만, 반대로 시간도 없고, 비용도 충분하지 못하다면 적은 수의 표본을 선정할 수밖에 없다.

표본이 어느 정도 되어야 신뢰할 만한지에 대한 객관적 기준이 있는 것은 아니지만 일반적으로 표본이 크면 표집오차가 작아지는 경향이 있다. 그렇다고 불필요하게 큰 표본을 사용하는 것은 바람직하지 않다. 일반적으로 표본의 수가 300명에서 500명 정도면 표집오차가 1% 정도밖에 나타나지 않기 때문에 만족할 만한 크기라 할 수 있다.

참고문헌

최현철·김광수 (1999), 《미디어연구방법》, 한국방송대학교출판부.

Carlsmith, J. M., Ellsworth, P. C., & Aronson, E. (1976), *Methods of Research in Social Psychology*, Addison-Wesley Publishing Co.

Kerlinger, F. N. (1973), *Foundations of Behavioral Research* (2nd ed.), New York: Holt, Rinehart and Winston.

Wimmer, R. D., & Dominick, J. R. (1994), *Mass Media Research: An Introduction* (4rd ed.), Wadsworth Publishing Co.

연습문제

주관식

1. 모집단(*population*)과 표본(*sample*)을 비교해 설명해 보시오.

2. 확률 표집방법(*probability sampling method*)와 비확률 표집방법(*non-probability sampling method*)을 비교해 설명해 보시오.

3. 확률 표집방법의 다섯 가지 방법을 비교해 정리해 보시오.

4. 비확률 표집방법의 세 가지 방법을 비교해 정리해 보시오.

5. 표본의 크기를 결정하는 요소를 생각해 보시오.

객관식

1. 연구자가 관심을 갖는 전체 대상이 무엇인지 고르시오.
   ① 모집단
   ② 대표집단
   ③ 소집단
   ④ 표 본

2. "표집방법은 크게 ( ) 표집방법과 ( ) 표집방법 두 가지로 나누어진다"에서 ( )에 들어갈 용어가 맞게 짝지어진 것을 고르시오.
   ① 비확률, 모수
   ② 비확률, 비모수
   ③ 확률, 비확률
   ④ 확률, 모수

3. 확률 표집방법이 아닌 것을 고르시오.

① 무작위 표집방법 (*random sampling method*)

② 가용 표집방법 (*available sampling method*)

③ 유층별 표집방법 (*stratified sampling method*)

④ 체계적 표집방법 (*systematic sampling method*)

4. 비확률 표집방법이 아닌 것을 고르시오.

① 할당 표집방법 (*quota sampling method*)

② 가용 표집방법 (*available sampling method*)

③ 의도적 표집방법 (*purposive sampling method*)

④ 무작위 표집방법 (*random sampling method*)

5. 모집단의 결과와 표본의 결과의 차이를 무엇이라 부르는지 고르시오.

① 평균편차

② 표준편차

③ 모수오차

④ 표집오차

해답: p. 261

1. 서베이 방법의 목적

서베이 (survey) 는 실시하는 목적에 따라 크게 기술적 서베이 (descriptive survey) 와 분석적 서베이 (analytic survey) 두 가지로 나누어진다. 기술적 서베이란 특정 사건이나 이슈에 대해 사람이 어떻게 생각하는지를 알아보기 위한 조사를 말한다. 정부의 부동산 정책에 대한 국민의 지지도를 알아본다든지, 국민들의 미디어 이용행태를 알아보는 것과 같은 조사를 기술적 서베이라고 한다.

반면에 분석적 서베이는 연구자가 특정 연구문제나 가설을 실증적으로 검증하기 위해 실시하는 조사를 말한다. 대통령 후보의 텔레비전 토론이 대통령 후보에 대한 지지도 변화에 미치는 영향을 분석하기 위해 실시하는 조사를 분석적 서베이라 한다.

서베이 방법이 조사방법의 전부는 아니다. 또한 모든 사회과학 연구가 서베이 방법을 사용하여 이루어지는 것도 아니다. 어떤 서베이 방법을 사용할 것인가 하는 문제는 연구자의 연구목적, 연구문제와 가설, 연구자가 처한 상황에 따라 결정된다. 서베이 방법의 장점과 단점을 살펴보면서 언제 사용하는 것이 좋은지 알아보자.

서베이 방법의 장점은 크게 두 가지를 들 수 있다.

첫째, 서베이 방법은 현실적 상황에서 특정 문제에 대한 사람의 반응을 자연스럽게 조사할 수 있다. 이런 점에서 연구자가 피험자를 실험실에 모아 놓고 특정 상황을 조작하여 조사하는 실험방법과 구별된다.

둘째, 다양한 사람으로부터 많은 양의 정보를 비교적 쉽고 적은 비용으로 수집할 수 있다. 서베이 방법을 사용하면 연구에 필요한 많은 변인에 대한 정보를 쉽게 얻을 수 있다.

그러나 서베이 방법은 여러 가지 단점을 가진다. 서베이 방법의 단점은 크게 두 가지를 들 수 있다.

첫째, 연구하고 싶은 변인을 연구자가 원하는 대로 조작할 수 없다. 서베이 방법은 현실적 상황에서 조사가 이루어지기 때문에 연구자가 원하는 변인 간의 인과관계를 정확하게 알 수 없다.

둘째, 서베이 방법은 주로 설문조사를 통해 이루어지는데 이때 질문의 표현방식이나 배열에 따라 응답자에 대한 정보가 왜곡될 수 있다.

이러한 장점과 단점을 고려해 볼 때, 서베이 방법은 현실적 상황 아래에서 사람의 생각과 행동을 폭넓게 조사할 경우에 유용하다.

2. 예비조사와 사전조사, 본조사

서베이 방법을 사용하여 본격적으로 응답자에 대한 조사를 하기 위해서는 사전에 예비조사(pilot study)와 사전조사(pre-test)를 실시한다. 서베이 방법은 설문지를 통해 이루어지기 때문에 연구문제나 가설에 적합한 설문지를 제대로 만들기 위해서는 설문지 초안을 만들기 위한 예비조사와 설문지를 완성하기 위해 실시하는 사전조사를 실시한다.

1) 예비조사

예비조사란 연구자가 소수의 사람을 대상으로 설문지 초안을 만들기 위해 실시하는 조사이다. 설문지 작성의 전 단계에서 실시한다.

2) 사전조사

연구자는 예비조사를 통해 설문지 초안을 작성한다. 설문지 초안을 작성한 후 연구자는 소수의 사람을 대상으로 사전조사를 실시한다. 사전조사에서는 응답자들의 반응을 분석하여 설문문항의 타당성과 신뢰성이 있는지, 질문에 사용하는 말이 적합한지, 문항배열은 적절한지 등을 알아본다. 사전조사를 통해 본조사에서 사용할 설문지를 확정한다.

3) 본조사

예비조사를 통해 설문지를 작성하고, 설문지 초안을 가지고 사전조사를 한 후, 설문문항을 최종적으로 확정하여 본격적 조사, 즉 본조사를 실시한다. 본조사는 면접원이나 전화, 우편을 통해 이루어진다.

3. 서베이 방법의 종류

본조사에서는 설문지를 완성한 후 표집방법을 통해 선택한 표본을 대상으로 연구목적 및 여러 가지 요인을 고려하여 여러 가지 서베이 방법 중 한 가지를 택해 데이터를 수집 하게 된다. 서베이 방법에는 첫 번째, 직접 면접방법, 두 번째, 우편 서베이 방법, 세 번째, 전화 서베이 방법이 있다. 각 방법의 특징을 살펴보자.

1) 직접 면접방법

직접 면접방법(*personal interview*)은 면접원이 응답자를 직접 방문하여 응답자와 1:1 면 접을 통해 데이터를 수집하는 방법을 말한다. 직접 면접에서는 면접원이 설문지를 가지 고 응답자를 직접 방문하여 조사가 이루어지기 때문에 면접원의 역할이 매우 중요하다. 면접원이 어떻게 하느냐에 따라 조사의 성공이 좌우되기 때문에 면접원을 신중하게 선 정해야 한다.

직접 면접방법의 절차는 〈표 5-1〉과 같다. 이를 좀더 구체적으로 살펴보자.

첫 번째로 표본을 선정한다. 제 4장에서 살펴본 표집방법을 통해 모집단을 가장 잘 대 표하는 표본을 선정하면 된다. 두 번째로 설문지를 작성한다. 연구자는 연구문제 또는 가설을 검증하는 데 필요한 문항을 담은 설문지를 만든다. 앞에서 설명한 것처럼 설문 지를 만들기 위해서 연구자는 예비조사와 사전조사를 실시해야 한다. 설문지 작성과 관 련한 구체적 내용은 제 6장에서 자세하게 살펴본다.

〈표 5-1〉 직접 면접방법의 절차

1. 표본을 선정한다

⬇

2. 설문지를 작성한다

⬇

3. 면접원을 훈련시킨다

⬇

4. 면접원을 통해 데이터를 수집한다

⬇

5. 수집한 설문지를 검토하여 필요한 경우 추가 설문조사를 한다

⬇

6. 데이터를 정리하여 코딩한 후 컴퓨터에 입력한다

세 번째로 면접원을 훈련시킨다. 직접 면접방법의 성패는 면접원에 달려 있다 해도 과언이 아니기 때문에 면접원의 태도와 언행은 매우 중요하다. 일반적으로 응답자는 설문에 잘 대답하지 않는 경향이 있다. 이 점을 항상 염두에 두고 설문조사를 해야 한다. 따라서 면접원은 공손한 태도를 갖고서 상냥한 말투를 써야 한다. 면접원이 오만한 태도를 보인다든지 건방진 말투를 사용하면 그 조사는 실패한다는 사실을 면접원에게 교육시켜야 한다.

네 번째로 면접원을 통해 데이터를 수집한다. 면접원은 선정된 대상자를 방문하여 1:1 면접을 통해 설문조사를 하고 데이터를 수집한다.

다섯 번째로 수집한 설문지를 검토하여 필요한 경우 다시 면접을 한다. 연구자는 면접원이 수집한 설문지를 검토하여 불성실한 응답과 무응답률을 살펴본 후 문제가 있다고 판단하면 추가 설문조사를 실시해 데이터를 얻는다.

여섯 번째로 데이터를 정리하여 코딩한 후 컴퓨터에 입력한다. 수집한 데이터에 문제가 없다면 연구자는 이를 코딩하여(각 문항을 수치화하는 것을 코딩이라고 한다) 분석을 위해 컴퓨터에 입력한다.

직접 면접방법의 장점과 단점을 살펴보자.

(1) 장 점
직접 면접방법의 장점을 살펴보면,

첫째로 직접 면접방법은 직접 면접원이 방문하기 때문에 설문지 회수율을 높일 수 있다.

둘째로 직접 면접방법은 면접원이 응답자에게 도움말을 줄 수 있기 때문에 비교적 정확한 정보를 얻을 수 있다.

셋째로 직접 면접방법은 1:1 면접을 통해 조사가 이루어지기 때문에 무응답의 비율을 줄일 수 있다.

(2) 단 점
그러나 직접 면접방법은 여러 가지 단점이 있는데 이를 살펴보면,

첫째로 직접 면접방법은 면접원을 이용하기 때문에 비용이 많이 든다. 특히 전국조사의 경우 면접원이 먼 지역까지 가야 하기 때문에 조사비용이 커진다.

둘째로 면접원의 성별과 나이 등에 따라 응답자들이 면접원에 대한 편견을 가질 가능성이 높고 이에 따라 응답내용이 달라질 수 있다.

셋째로 직접 면접방법은 주로 낮에 가정을 방문하여 이루어지는데 이때 주부들을 대상으로 조사할 가능성이 높기 때문에 연구자가 원하는 표본을 선정하지 못할 수 있다.

2) 전화 서베이 방법

전화 서베이(*telephone survey*)란 면접원이 전화를 이용하여 응답자들에게 질문하고 응답 내용을 기록하여 조사하는 방법을 말한다. 전화 서베이는 직접 면접방법과 우편 서베이의 중간 정도라고 생각하면 된다. 전화 서베이의 경우 우편 서베이보다 응답자 관리가 용이하여 응답률을 높일 수 있지만, 전화라는 한계 때문에 많은 질문을 할 수가 없다. 비용 면에서 볼 때, 전화 서베이는 우편 서베이보다는 돈이 더 들지만 직접 면접보다는 비용이 적게 든다.

전화 서베이 방법의 절차는 〈표 5-2〉와 같다. 전화 서베이 방법은 직접 면접방법과 상당히 유사한데 이를 좀더 구체적으로 살펴보자.

첫 번째로 표본을 선정한다. 전화 서베이 방법에서는 주로 전화번호부를 이용하기 때문에 표본 선정에서는 체계적 표집방법을 사용한다.

두 번째로 설문지를 작성한다. 전화 서베이 방법에서 설문지를 작성할 때 주의해야 할 점은 시각적 내용을 담은 질문이나 많은 질문은 피해야 한다.

세 번째로 면접원을 훈련시킨다. 전화 서베이 방법에서도 직접 면접방법과 마찬가지로 면접원의 태도와 말투에 따라 조사의 성패가 결정된다. 따라서 면접원은 공손한 태도로 상냥한 말투를 써야 한다.

네 번째로 면접원이 전화를 이용하여 데이터를 수집한다. 이 과정도 면접원이 전화를 이용하는 것을 제외하고는 직접 면접방법과 같다.

다섯 번째로 수집한 데이터를 검토하여 필요한 경우 추가로 전화면접을 실시하여 데이터를 얻는다. 이 과정도 전화를 이용하는 것을 제외하고는 직접 면접방법과 같다.

〈표 5-2〉 전화 서베이 방법의 절차

1. 표본을 선정한다

⬇

2. 설문지를 작성한다

⬇

3. 면접원을 훈련시킨다

⬇

4. 면접원이 전화를 이용하여 데이터를 수집한다

⬇

5. 필요한 경우 추가 전화면접을 한다

⬇

6. 데이터를 정리하여 코딩한 후 컴퓨터에 입력한다

여섯 번째로 데이터를 정리하여 코딩한 후 컴퓨터에 입력한다. 이 과정도 직접 면접 방법과 같다.

전화 서베이의 장점과 단점을 살펴보자.

(1) 장점

전화 서베이의 장점을 살펴보면,

첫째로 전화 서베이는 소수의 면접원이 전화를 이용하여 데이터를 수집하기 때문에 비용이 적게 든다.

둘째로 전화 서베이는 면접원이 응답자로부터 직접 응답을 얻기 때문에 비교적 정확한 조사를 할 수 있다.

셋째로 전화 서베이는 빠른 시간 내에 데이터를 수집할 수 있다. 따라서 시간이 촉박한 조사에 사용하면 편리하다.

(2) 단점

전화 서베이의 단점을 살펴보면,

첫째로 전화 서베이는 전화를 이용하기 때문에 전화가 없거나 등록하지 않은 사람은 자동적으로 배제되어 표본이 제대로 선정되지 않을 수 있다.

둘째로 전화 서베이는 응답자들이 귀찮다고 생각하면 전화를 끊기 때문에 연구자가 원하는 표본을 조사하지 못할 수 있다. 뿐만 아니라 응답자가 성실히 답변하지 않을 가능성이 높다.

셋째로, 전화 서베이는 전화를 이용하기 때문에 시각적으로 필요한 질문이나 많은 질문을 할 수 없다.

3) 우편 서베이 방법

우편 서베이(*mail survey*)는 표본으로 선정된 사람에게 설문지를 우편으로 보내고, 그 사람이 설문지에 응답한 후 이를 다시 우편으로 반송하도록 하여 조사하는 방법을 말한다. 우편 서베이는 최소한의 시간과 비용을 들여서 많은 데이터를 수집할 수 있지만 사람이 바빠서 또는 귀찮아서 응답하지 않을 경우 실패할 가능성이 높다. 따라서 설문지를 보내고 약 2주 후에 독촉하는 편지를 다시 보내 확인해야 한다. 특수한 상황을 제외하면, 우편 서베이의 경우 설문지 회수율이 약 50~60% 정도이다.

우편 서베이 방법의 절차는 〈표 5-3〉과 같다. 이를 자세히 살펴보자.

첫 번째로 표본을 선정한다. 이 과정은 다른 서베이 방법과 같다.

〈표 5-3〉 우편 서베이 방법의 절차

1. 표본을 선정한다

↓

2. 설문지를 작성한다

↓

3. 인사 편지를 쓴다

↓

4. 우편을 이용하여 설문지를 반송한다

↓

5. 회수율을 검토하여 필요한 경우 독촉 편지를 보낸다

↓

6. 데이터를 정리하여 코딩한 후 컴퓨터에 입력한다

두 번째로 설문지를 작성한다. 이 과정은 직접 면접방법에서 하는 것과 같다.

세 번째로 인사 편지를 쓴다. 조사의 목적과 중요성을 간단하게 설명하고 협조를 부탁하는 당부의 말을 담은 편지를 쓴다. 연구자는 인사 편지를 형식적으로 쓰지 말고 최대한 정중히 도움을 요청하는 말을 써야 한다.

네 번째로 우편을 이용하여 설문지를 반송한다. 인사 편지와 설문지, 회송용 봉투와 우표를 동봉하여 응답자에게 발송한다.

다섯 번째로 회수율을 검토하여 필요한 경우 독촉 편지를 보낸다. 일반적으로 응답자는 설문지를 반송하지 않기 때문에 설문지를 발송하고 약 2주 후에 설문지를 반송하지 않은 응답자에게 독촉 편지를 보낸다.

여섯 번째로 데이터를 정리하여 코딩한 후 컴퓨터에 입력한다. 이 과정은 직접 면접방법과 같다.

그러면 우편 서베이 방법의 장점과 단점을 살펴보자.

(1) 장점

우편 서베이의 장점을 살펴보면,

첫째로, 우편 서베이는 비교적 저렴한 비용으로 광범위한 지역에 살고 있는 사람을 조사할 수 있다. 특히 직접 방문하기 어려운 지역에 살고 있는 사람을 조사할 수 있는 유용한 방법이다. 뿐만 아니라 전문가를 대상으로 데이터를 수집하고자 할 때 효율적인 방법이다.

둘째로 우편 서베이는 면접원이 없는 상태에서 응답을 하기 때문에 여유를 가지고 응

답을 할 수 있을 뿐 아니라 면접원에 의해 생길 수 있는 편견을 제거할 수 있다.

셋째로 우편 서베이는 면접원을 이용하지 않기 때문에 인건비를 줄일 수 있으므로 비용이 적게 든다.

(2) 단점

우편 서베이의 단점을 살펴보면,

첫째로 우편 서베이는 면접원이 없기 때문에 무응답의 비율이 높아서 정확한 정보를 얻지 못할 가능성이 크다.

둘째로 우편 서베이의 응답자가 누구인지를 정확하게 알 수 없다. 기업의 경영인을 대상으로 한 조사의 경우를 예로 들어보면 경영인이 대답하는 대신 비서 등 다른 사람이 응답하는 경우가 종종 있다. 뿐만 아니라 우편 서베이에 적극적으로 응하는 사람만을 대상으로 할 수밖에 없기 때문에 표본의 문제가 있을 수 있다.

셋째로 우편을 이용한 서베이의 경우, 데이터 수집이 늦어질 수밖에 없다. 연구자가 마감날짜를 정하기는 하지만, 대부분의 응답자가 제 날짜에 맞추어 설문지를 반송하지 않는다.

참고문헌

최현철·김광수 (1999), 《미디어연구방법》, 한국방송대학교출판부.

Carlsmith, J. M., Ellsworth, P. C., & Aronson, E. (1976), *Methods of Research in Social Psychology*, Addison-Wesley Publishing Co.
Wimmer, R. D., & Dominick, J. R. (1994), *Mass Media Research: An Introduction*, (4th ed.), Wadsworth Publishing Co.

연습문제

주관식

1. 서베이(*survey*)의 목적을 정리해 보시오.

2. 예비조사(*pilot study*)와 사전조사(*pre-test*), 본조사를 비교해 설명해 보시오.

3. 직접 면접방법은 어떻게 하는지 설명하시오.

4. 전화 서베이 방법은 어떻게 하는지 설명하시오.

5. 우편 서베이 방법은 어떻게 하는지 설명하시오.

객관식

1. 특정 문제에 대한 사람의 의견을 알아보기 위한 서베이가 무엇인지 고르시오.
   ① 분석적 서베이
   ② 해석적 서베이
   ③ 기술적 서베이
   ④ 분류적 서베이

2. 설문지 초안을 만들기 위해 실시하는 조사가 무엇인지 고르시오.
   ① 사전조사
   ② 예비조사
   ③ 본조사
   ④ 사후조사

3. 사전조사에 대한 설명 중 틀린 것을 고르시오.

　① 사전조사는 예비조사 후에 실시한다

　② 사전조사를 통해 본조사에 사용할 설문지를 확정한다

　③ 사전조사를 통해 설문 문항의 타당성과 신뢰성을 알아본다

　④ 사전조사는 설문지 초안을 만들기 위해 실시하는 조사이다

4. 직접 면접방법의 설명 중 틀린 것을 고르시오.

　① 비용이 적게 든다

　② 면접원이 직접 방문하기 때문에 설문지의 회수율이 높다

　③ 면접원의 직접 면접하기 때문에 비교적 정확한 정보를 얻는다

　④ 면접원이 응답 내용에 영향을 주기 때문에 조심해야 한다

5. 전화 서베이 방법의 설명 중 틀린 것을 고르시오.

　① 비용이 적게 든다

　② 많은 질문을 할 수 없다

　③ 빠른 시간 안에 데이터를 수집할 수 있다

　④ 전문가를 조사할 때 효율적인 방법이다

해답: p. 261

1. 설문지 구성요소

설문지는 첫째 인사말, 둘째 지시나 명령문, 그리고 셋째 구체적인 질문 등 크게 세 가지 요소로 이루어진다.

1) 인사와 감사의 말

설문지에는 반드시 인사와 감사의 말을 써야 한다. 인사말은 설문지의 첫 장에 쓰는데, 인사말에는 조사의 주체, 조사의 목적과 중요성, 응답자와 응답내용의 비밀 보장, 성실한 답변을 부탁하는 말을 가능한 짧고 분명하게 쓴다. 감사의 말은 설문지 맨 뒷장에 쓰는데 "바쁘신데 응답해 주셔서 감사합니다" 정도로 간단하게 쓰면 된다.

2) 지시나 설명문

설문지에는 반드시 질문을 하기 전에 질문에 답변하는 방법을 써야 한다. 질문에 대답하는 데 필요한 지시 또는 설명은 가능한 한 명확하고 눈에 잘 띄도록 써야 한다.

〈표 6-1〉에서 보듯이 "아래 문항은 텔레비전에 대한 귀하의 생각을 알아보기 위한 것입니다. 귀하가 동의하는 정도에 따라 1점에서 5점까지의 점수 중 하나에 ✔를 표시해 주십시오"라는 지시문이나 설명문을 쓴다.

〈표 6-1〉 지시 및 설명문의 예

아래 문항은 텔레비전에 대한 귀하의 생각을 알아보기 위한 것입니다. 귀하가 동의하는 정도에 따라 1점에서 5점까지의 점수 중 하나에 ✔를 표시해 주십시오.

● 텔레비전은 일상생활에 필요한 정보를 전달해준다

그렇다   그렇지 않나

①	②	③	④	⑤

3) 질 문

설문지는 연구목적, 또는 가설을 검증하기 위해 필요한 질문을 담는다. 질문은 크게 개방형 질문과 폐쇄형 질문 두 가지로 나누어진다.

⑴ 개방형 질문

개방형 질문(*open-ended question*)이란 응답자가 자신의 의견을 자유롭게 대답할 수 있도록 만든 질문을 말한다.

〈표 6-2〉에서 보듯이 개방형 질문은 "귀하가 좋아하는 텔레비전 프로그램을 세 가지만 써 주십시오", 또는 "신문의 정치면을 읽는 이유를 구체적으로 써 주십시오" 등 응답자가 자유롭게 자신의 의사를 표시할 수 있도록 유도한다. 필요에 따라 본조사 설문지에 개방형 질문을 사용하는 경우도 있지만, 일반적으로 개방형 질문은 설문지를 만들기 위한 예비조사나 사전조사에 많이 사용된다.

〈표 6-2〉 개방형 질문의 예

귀하가 좋아하는 텔레비전 프로그램을 세 가지만 써 주십시오.
①
②
③

⑵ 폐쇄형 질문

폐쇄형 질문(*close-ended question*)이란 연구자가 제시한 응답내용 중 하나 또는 몇 개를 응답자가 선택하도록 만든 질문을 말한다.

〈표 6-3〉에서 보듯이 "귀하가 좋아하는 텔레비전 프로그램은 무엇인지 두 가지만 골라 주십시오"라는 질문에 응답자는 연구자가 제시한 "① 뉴스, ② 쇼, ③ 드라마, ④ 다큐멘터리, ⑤ 코미디, ⑥ 만화" 여섯 가지 중에서 두 가지를 선택하도록 한다.

〈표 6-3〉 폐쇄형 질문의 예

귀하가 좋아하는 텔레비전 프로그램은 무엇인지 두 가지만 골라 주십시오.

① 뉴 스　( )　② 쇼　　( )　③ 드라마 ( )
④ 다큐멘터리 ( )　⑤ 코미디 ( )　⑥ 만 화 ( )

2. 설문지 작성방법

설문지 작성에 객관적인 규칙은 없다. 설문지를 만들 때는 연구목적에 맞게끔 만드는 것이 가장 중요하다. 설문지의 구성과 질문방법에 대해 유의해야 할 사항을 알아보자.

1) 설문지 구성 시 유의할 사항

설문지를 작성할 때 연구자는 설문지의 배열과 설문지의 길이, 질문의 순서 등 세 가지에 유의하여 설문지를 구성해야 한다.

⑴ 설문지의 배열

설문지를 작성할 때에는 설문지의 배열에 신경을 써야 한다. 설문지 한 장에 수십 개의 질문을 빽빽이 인쇄한다고 했을 때 응답자로부터 좋은 대답을 기대할 수 없다. 따라서 설문지 한 장에 들어가는 질문의 수를 적절하게 배정하고, 각 질문은 적당한 간격을 두어 보기 좋게 배열해야 한다. 개방형 질문의 경우 응답자가 자유롭게 대답할 수 있도록 충분한 여백을 주어야 한다.

⑵ 설문지의 길이

설문지를 만들 때에는 설문지의 길이에 신경을 써야 한다. 아무리 좋은 질문이라고 하더라도 응답하는 데 몇 시간이 걸린다면 응답자는 피로해져서 정확한 대답을 기대할 수 없다. 서베이 방법에 따라서 응답하는 총시간이 정해진다. 일반적으로 설문지 응답시간은 직접 면접방법의 경우는 20분에서 40분 사이가 적절하다. 전화 서베이 방법의 경우는 10분, 우편 서베이 방법의 경우는 15분을 넘지 않는 것이 좋다.

⑶ 질문의 순서
설문지를 만들 때에는 질문의 순서에 신경을 써야 한다. 처음부터 어렵거나 대답하기 곤란한 질문을 하면 응답자는 설문에 흥미를 잃어 정확한 대답을 기대하기 어렵다. 따라서 처음에는 상대적으로 쉬운 질문을 하고 뒤로 가면 갈수록 복잡한 질문, 또는 대답하기 곤란한 질문을 하는 것이 바람직하다. 특히 수입이나 연령 등 인구사회학적 속성이나 개인적 질문은 설문지 맨 뒤에 배열하는 것이 좋다.

2) 질문 작성 시 유의할 사항

연구자가 질문을 할 때 유의해야 할 사항을 알아보자.

⑴ 질문은 명확하게 작성한다
연구자가 질문을 할 때에는 응답자가 명확하게 이해할 수 있는 말로 정확한 대답을 얻을 수 있도록 해야 한다. 연구자는 전문가로서 자신이 생각하는 것을 강요해서도 안 되며, 전문적 용어나 어려운 말을 사용해서도 안 된다. 예비조사와 사전조사를 통해 응답자들이 생각하는 것과 응답자들이 일상생활에서 쓰는 말을 정확하게 파악하여 질문해야 한다. 예를 들면, "텔레비전을 시청하실 때…"보다는 "텔레비전을 볼 때…"가 더 적절하다.

⑵ 질문은 짧게 작성한다
응답자가 오해를 불러일으키지 않도록 짧고 간결하게 질문해야 한다. 질문이 길거나 복잡할수록 응답자의 대답은 부정확해진다.

⑶ 두 개의 답변을 요구하는 질문을 해서는 안 된다
연구자는 하나의 질문에 하나의 대답이 나올 수 있도록 질문을 해야 한다. 예를 들면, "귀하는 우리나라 텔레비전 드라마가 얼마나 재미있거나 유익하다고 생각하십니까?"라는 질문은 이중적 질문으로, 응답자가 드라마가 재미있지만 유익하지 않다고 생각할 수도 있고, 또는 유익하지만, 재미없다고 생각할 수도 있는데 이때는 질문에 대답하기가 곤란하다. 따라서 이 질문은 두 개로 나누어 하나의 질문에 하나의 응답이 나오도록 작성해야 한다.

⑷ 편견이 개입된 단어를 피한다

편견이 개입될 소지가 있는 단어를 질문에 써서는 안 된다. 예를 들면, "귀하는 시간이 나면 그냥 텔레비전을 보십니까?"라는 질문에 "그냥"이라는 말은 별로 바람직하지 못하다는 뉘앙스를 담기 때문에 응답자가 사실대로 대답하지 않을 가능성이 크다.

⑸ 유도질문을 해서는 안 된다

유도질문을 해서는 안 된다. 유도질문이란 특정한 응답을 시사하거나 또는 어떤 의도가 숨은 질문을 말한다. 예를 들면, "귀하는 대부분의 대학생처럼 매일 신문을 읽습니까?"라는 질문은 만일 응답자가 긍정적인 대답을 하지 않는다면 응답자는 마치 대부분의 대학생과는 다른 학생이라는 말이 되기 때문에 결국 자신의 실제 행위와 관계없이 특정 대답을 유도하는 결과를 낳는다.

⑹ 꼭 필요한 경우가 아니면 응답자가 당황해 하는 질문을 해서는 안 된다

연구목적상 꼭 필요한 경우가 아니면 응답자가 꺼려하거나 당황해 할 수 있는 질문을 해서는 안 된다. 예를 들면, 수입을 묻는 경우 응답자가 대답하기를 꺼려할 수 있다. 뿐만 아니라 지나치게 개인적 질문에는 응답자가 대답을 기피할 수 있다.

3. 대표적 척도

사회과학 연구에서 많이 쓰이는 폐쇄형 질문의 대표적인 것으로 리커트 척도와 의미분별 척도를 살펴보자.

1) 리커트 척도

사회과학 연구에서 많이 사용되는 폐쇄형 질문은 리커트 척도(Likert scale)이다. 리커트 척도에서는 응답자가 하나의 주제와 관련된 진술문에 대해 "매우 찬성, 찬성, 중립, 반대, 매우반대" 5점 중에서 한 점수를 선택하게끔 한다.

〈표 6-4〉에서 보듯이 연구자는 리커트 척도를 사용하여 우리나라에서 IPTV를 실시하는 것이 바람직하다는 진술문을 제시하고 응답자가 이 주장에 대해 매우 반대, 반대, 중립, 찬성, 매우 찬성 중 한 점수를 선택하게 한다.

〈표 6-4〉 리커트 척도의 예

우리나라에서 IPTV를 실시하는 것이 바람직하다,

매우 반대	반대	중립	찬성	매우 찬성
①	②	③	④	⑤

2) 의미분별 척도

사회과학 연구에서 흔히 사용하는 폐쇄형 질문 중 다른 하나는 의미분별 척도(*semantic differential scale*)이다. 이 척도는 1957년에 오스굿과 수시, 탄넨바움(Osgood, Suci & Tannenbaum)에 의해 개발된 것으로 어떤 항목에 대해 개인이 느끼는 의미를 측정하는 척도이다. 연구자는 측정대상의 개념을 제시하고 그에 대한 양극화된 태도를 7점으로 측정한다.

〈표 6-5〉에서 보듯이 연구자는 의미분별 척도를 사용하여 응답자에게 동아일보에 대해 자신이 가진 생각을 여러 항목에 따라 각 항목 당 7점 중 한 점수를 선택하게 한다.

〈표 6-5〉 의미분별 척도의 예

〈동아일보〉

믿을 만하다	①	②	③	④	⑤	⑥	⑦	믿을 만하지 못하다
가치 있다	①	②	③	④	⑤	⑥	⑦	가치 없다
공정하다	①	②	③	④	⑤	⑥	⑦	불공정하다

4. 데이터의 코딩

연구자는 예비조사와 사전조사를 통해 본조사에 사용할 설문지를 작성하고, 직접 면접/전화 서베이/우편 서베이를 통해 데이터를 수집한다. 연구자는 수집한 데이터를 통계적으로 분석하기 위해 데이터를 코딩하는데, 코딩이란 응답자의 대답에 값을 부여하는 것을 말한다.

5. 데이터의 입력

연구자는 수집한 데이터를 통계분석하기 위해 컴퓨터에 입력한다. 데이터를 컴퓨터에 입력하는 방법으로 SPSS/PC$^+$ 프로그램을 사용하여 입력할 수도 있고, 흔글과 같은 워드 프로세서를 이용하여 데이터를 입력할 수도 있다. 어떤 방법을 사용해도 결과는 마찬가지이기 때문에 독자들이 익숙한 방법을 사용하면 된다. 데이터 입력방법은 제 7장 SPSS/PC$^+$(20.0) 프로그램에서 살펴본다.

참고문헌

최현철·김광수 (1999), 《미디어연구방법》, 한국방송대학교출판부.

Miller, D. C. (1977), *Handbook of Research Design and Social Measurement* (3rd ed.), New York: Longman Inc.
Wimmer, R. D., & Dominick, J. R. (1994), *Mass Media Research: An Introduction*, (4rd ed.), Wadsworth Publishing Co.

연습문제

주관식

1. 설문지의 구성 요소를 정리해 보시오.

2. 설문지를 작성할 때 유의할 사항을 생각해 보시오.

3. 문항을 작성할 때 유의할 사항을 생각해 보시오.

4. 리커트 척도(*Likert Scale*)를 설명하시오.

5. 의미분별척도(*Semantic Differential Scale*)를 설명하시오.

객관식

1. 설문지의 구성 요소가 아닌 것을 고르시오.
   ① 지시나 명령문
   ② 데이터 코딩
   ③ 질문
   ④ 인사와 감사의 말

2. 응답자가 의견을 자유롭게 대답할 수 있게 만든 질문이 무엇인지 고르시오.
   ① 자발형
   ② 폐쇄형
   ③ 개방형
   ④ 선택형

3. 설문 문항을 만들 때 유의할 사항 중 틀린 것을 고르시오.

    ① 명확하게 만들어야 한다

    ② 편견이 개입된 단어를 피한다

    ③ 두 개의 답을 요구하는 질문을 해서는 안 된다

    ④ 유도질문을 하는 것이 좋다

4. 리커트 척도에 대한 설명 중 맞는 것을 고르시오.

    ① 개방형 질문 중 하나이다

    ② 7점으로 측정한다

    ③ 5점으로 측정한다

    ④ 개인이 대상에 대해 느끼는 의미를 측정한다

5. 의미분별 척도에 대한 설명 중 맞는 것을 고르시오.

    ① 개인이 대상에 대해 느끼는 의미를 측정한다

    ② 5점으로 측정한다

    ③ 9점으로 측정한다

    ④ 대상에 대한 개인의 인지를 측정한다

해답: p. 261

SPSS/PC⁺(20.0) 프로그램 ·7

1. Windows용 SPSS/PC⁺(20.0) 프로그램

연구자는 SPSS, SAS, SYSTAT, BMDP, MINITAB 등과 같은 통계 프로그램을 이용하여 방대한 데이터를 쉽게 분석할 수 있다. 이 책에서는 사회과학 분야뿐 아니라 일반적으로 많이 사용하는 한글판 SPSS/PC⁺(20.0) 프로그램을 중심으로 사용방법을 설명한다.

SPSS/PC⁺(20.0)의 기본 메뉴판 사용 방법에 대해 살펴보자. 프로그램을 실행하면 아래 〈그림 7-1〉과 같은 화면이 나타난다.

〈그림 7-1〉 IBM SPSS Statistics 20.0

초기화면의 작업선택 창에서 〔⦿기존 데이터소스 열기(O)〕를 선택하여 기존의 파일을 불러올 수도 있으며 〈그림 7-2〉와 같이 〔파일(F)〕을 클릭하여 〔열기(O)〕의 〔데이터(A)〕를 클릭한다.

〈그림 7-3〉과 같이 〔파일 열기〕 창이 나타나면, 파일을 저장한 위치에서 불러올 수 있다. SPSS 프로그램에는 '1991 U. S. General Social Survey' 등의 가상 데이터들이 입력되어 있으므로 이 데이터들을 이용해 프로그램 실행 방법을 연습할 수 있다. 또는 〈그림 7-1〉의 화면에 직접 데이터를 입력할 수도 있다.

〈표 7-1〉에서 보듯이 SPSS/PC⁺(20.0) 프로그램은 네 가지 기본 방법 — 첫째, 데이터를 정의하는 방법, 둘째, 데이터를 변환하는 방법, 셋째, 데이터를 선택하는 방법, 넷째, 통계방법을 정의하는 방법 — 으로 구성된다.

〈그림 7-2〉 데이터 불러오기 1

〈그림 7-3〉 데이터 불러오기 2

<표 7-1> Windows용 SPSS/PC⁺ 프로그램 체계

① 데이터를 정의하는 방법 ② 데이터를 변환하는 방법
③ 데이터를 선택하는 방법 ④ 통계방법을 정의하는 방법

2. 데이터를 정의하는 방법

〈그림 7-1〉의 화면 아래의 〔변수보기〕를 클릭하면 〈그림 7-4〉처럼 데이터를 정의하기 위한 화면이 나타난다. 〔이름〕에는 연구자가 변인의 이름을 입력할 수 있다. 한글, 영문, 숫자로 입력이 가능하지만 첫 글자는 반드시 숫자 이외의 문자로 입력해야 하고 글자 사이에 빈 칸이 없어야 한다. 변인의 글자 수에 제한은 없지만 가급적 연구자가 이해하기 쉽고 짧게 입력하는 것이 바람직하다.

〈그림 7-4〉 〔변수보기〕 화면

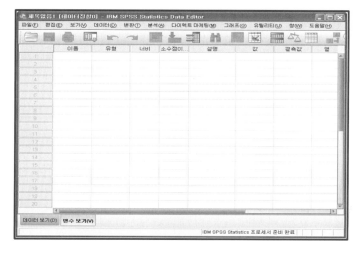

1) 변인 정의

변인의 이름을 입력하고 유형을 클릭하면 〈그림 7-5〉와 같은 〔변수유형〕 창이 나타난다. 일반적으로 변인은 '숫자'(N)이지만, 주관식 문항을 입력하고자 할 때는 '문자열'(R)을 클릭한다. 변인의 너비(W)와 소수점이하 자릿수(P)는 각각 8과 2로 기본 설정되어 있지만 연구자가 변경할 수 있다. 변경을 완료한 후 〔확인〕을 클릭한다.

〈그림 7-5〉 변인 정의

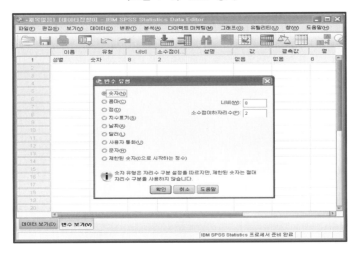

2) 변인 설명

변인 이름 이외에 변인에 대해 자세히 설명을 적어놓고 싶다면 〔설명〕으로 가서 직접 입력한다. 〈그림 7-6〉에서 보듯이 '성별'이라는 변인에 대해 '응답자의 성별'이라는 설명을 입력했다.

〈그림 7-6〉 변인 설명

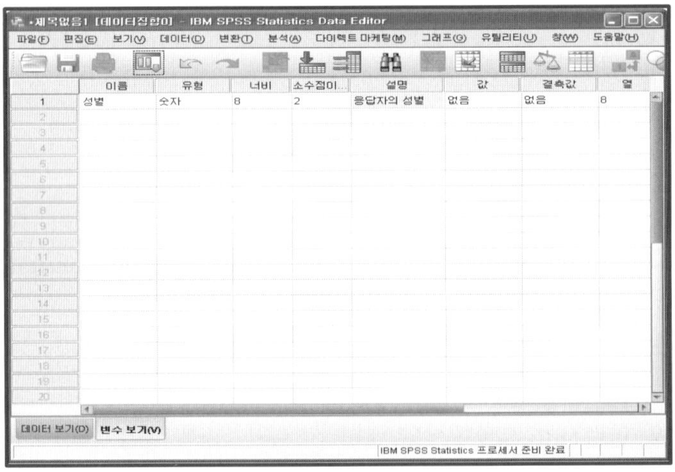

3) 변인값 설명

〔변수값 설명〕은 변인의 값을 상세하게 서술할 경우 사용한다. 변인의 값을 설명하기 위해서 〔값〕을 클릭하면 〔변수값 설명〕 창이 〈그림 7-7〉과 같이 나타난다. 〔변수값(U)〕에는 값을 입력하고, 〔변수값 설명(E)〕에는 값이 나타내는 의미를 입력한다. 입력 후 〔추가(A)〕를 클릭한다. 〈그림 7-7〉에서는 1은 남성, 2는 여성이라는 것을 의미한다.

〈그림 7-7〉 변인값

4) 결측값 설명

무응답이 있을 경우 이를 나타내는 값을 써야 한다. 데이터를 수집하다 보면 응답자가 설문 문항에 대답하지 않는 경우가 빈번하게 발생한다. 이 경우에는 〔변수보기〕 화면의 〔결측값〕을 클릭하면 〈그림 7-8〉과 같은 〔결측값〕 창이 나타난다. 〔●결측값 없음(N)〕이 기본으로 설정되어 있다. 결측값을 설정하기 위해서는 〔●이상형 결측값(D)〕을 선택하고 네모 칸에 결측값으로 정한 숫자를 입력한다. 숫자는 기본적으로 세 개까지 입력할 수 있다. 결측값으로 입력하는 수는 변인의 값에 사용되지 않는 숫자를 사용해야 한다. 만일 변인값이 0부터 8까지의 범위인 경우에는 9, 변인값이 10부터 98까지인 경우에는 99를 쓴다.

<그림 7-8> 결측값 설정

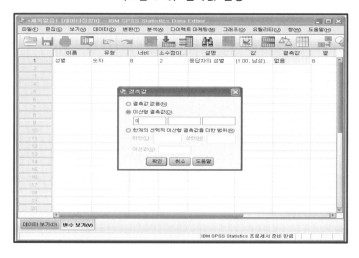

5) 데이터 입력 및 저장

데이터 편집기 아래의 〔데이터보기(D)〕를 클릭하고 <그림 7-9>와 같이 값을 입력한다.

<그림 7-9> 데이터 입력

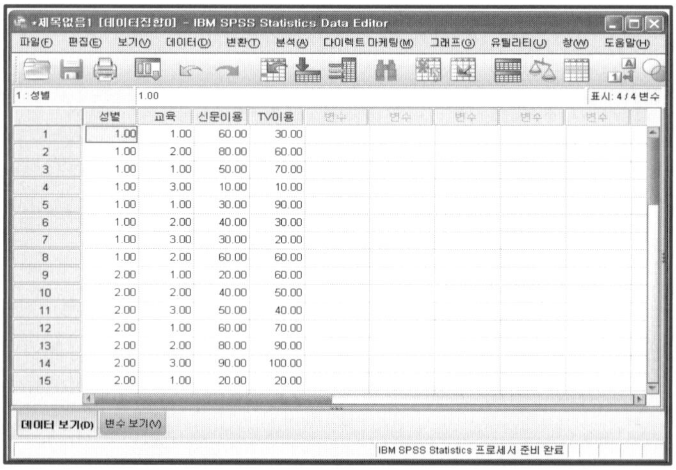

데이터를 저장하고자 할 때는 <그림 7-10>과 같이 〔파일(F)〕을 클릭하여 〔저장(S)〕 혹은 〔다른 이름으로 저장(A)〕을 선택하여 파일 이름을 입력한 후 저장한다. SPSS 프로 그램에서 데이터 파일은 확장자명이 'sav'이다. 파일로 저장하면 데이터 편집기 위에 저 장한 파일 이름이 변한다.

〈그림 7-10〉 데이터 저장

6) 데이터 분석 및 분석결과 저장

〔분석(A)〕으로 가서 분석하고자 하는 방법을 〈그림 7-11〉과 같이 선택하여 실행한다. 개별 통계방법의 실행방법은 해당 장에서 자세히 설명한다.

〈그림 7-11〉 통계방법 실행

개별 통계방법을 실행하면 분석결과가 새로운 창으로 〈그림 7-12〉와 같이 제시된다. 분석 결과를 저장하려면 〔파일(F)〕을 클릭하여 〔저장(S)〕 혹은 〔다른 이름으로 저장(A)〕 을 선택하여 파일 이름을 입력한 후 저장한다.

〈그림 7-12〉 분석 결과

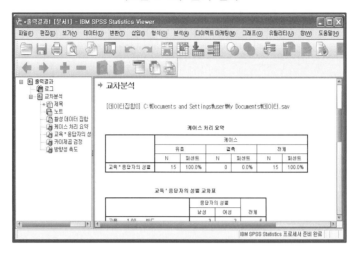

3. 데이터를 변환하는 방법

통계분석을 위해 기존 데이터를 변환할 경우가 자주 생긴다. 예를 들면, 연구자가 여러 변인을 합하여 하나의 변인을 만들고 싶을 때도 있고, 한 변인의 값을 다른 값으로 변환시키고 싶을 때도 있다. 이 장에서는 변인의 값을 수정하는 〈코딩변경(RECODE)〉방법과 새로운 변인을 만드는 〈새 변인생성(COMPUTE)〉방법을 설명한다.

1) 코딩변경

코딩변경은 기존 변인의 값을 다른 값으로 변환할 때 사용하는 방법이다. 예를 들어, 연구자가 남성을 '1'로 측정하고, 여성을 '2'로 측정했는데, 이 값을 바꾸고 싶을 때 코딩변경을 사용한다. 또한 중졸(1), 고졸(2), 대졸(3)의 세 집단으로 구분된 〈교육〉변인을 중졸(1), 고졸과 대졸(2)의 두 집단으로 변환할 수 있다.

변인의 값을 바꾸는 [코딩변경]을 하기 위해서는 〈그림 7-13〉과 같이 메뉴판의 [변환 (T)]을 클릭한다. 변인의 이름을 바꾸어 새로운 변인으로 만들고자 할 경우 [다른 변수로 코딩변경(D)]를 클릭한다. 변인의 이름을 바꾸지 않고 기존의 변인에서 변환하고자 할 때는 [같은 변수로 코딩변경(S)]를 클릭한다. [다른 변수로 코딩변경(D)]이 더 유용하기 때문에 이를 살펴본다.

〈그림 7-13〉 코딩변경 1

다음으로 〈그림 7-14〉와 같이 '새로운 변수로 코딩변경'이라는 새로운 창이 뜨면 변환하고자 하는 변인을 ➡를 이용하여 〔숫자변수(V)〕로 이동시키고 〔출력변수〕의 이름(N)을 정하여 〔바꾸기(H)〕를 클릭한다. 〈그림 7-15〉와 같이 출력변인의 자리가 이동되었다. 〔기존값 및 새로운 값(O)〕을 클릭한다.

〈그림 7-14〉 코딩변경 2

〈그림 7-15〉 코딩변경 3

〈그림 7-16〉과 같이 〔새로운 변수로 코딩변경: 기존값 및 새로운 값〕 창이 나타나면 〔기존값〕의 〔●값(V)〕에 기존 변인의 값을 입력하고, 〔새로운 값〕의 〔●값(L)〕에는 변경될 값을 입력한 후 〔추가(A)〕를 클릭한다. 〈그림 7-16〉과 같이 변인 내의 모든 값을 변환한 다음 〔계속〕을 클릭한다.

〈그림 7-16〉 코딩변경 4

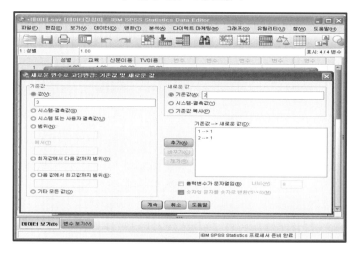

〈그림 7-15〉와 같은 화면으로 돌아간 후 〔확인〕을 클릭한다. 〈그림 7-17〉과 같이 〈교육두집단〉이라는 새로운 변인이 만들어졌다.

〈그림 7-17〉 코딩변경 5

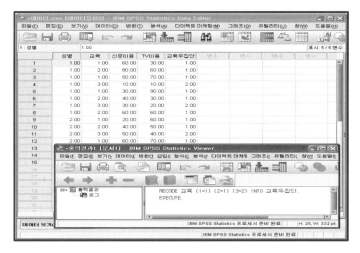

범위를 지정해서 변경하고자 할 때도 역시 유사한 방식을 이용한다. 예를 들어, 〈신문이용〉은 응답자들의 신문이용시간(분)을 입력했다고 가정하자. 이를 신문이용시간에 따라 상(41분 이상), 중(21분부터 40분 이용), 하(0분부터 20분 이용)의 세 집단으로 변경하고자 한다. 이를 위해 먼저 〈그림 7-13〉과 같이 메뉴판의 〔변환(T)〕을 클릭하고, 다시 〔새로운 변수로 코딩변경(D)〕을 클릭한다. 〈그림 7-14〉, 〈그림 7-15〉와 같은 방법으로 숫자변인과 출력변인을 설정하여 〈그림 7-18〉과 같이 변경한다. 〔기존값 및 새로운 값(O)〕을 클릭한다.

〈그림 7-18〉 코딩변경 6

〈그림 7-19〉와 같이 〔새로운 변수로 코딩변경: 기존값 및 새로운 값(O)〕 창이 나타나면 〔기존값〕의 〔●범위(V)〕에 기존 변인의 범위를 입력하고, 〔새로운 값〕의 〔●값(L)〕에는 변환될 값을 입력한 후 〔추가(A)〕를 클릭한다. 0분부터 20분까지는 1, 21분부터 40분까지는 2로 변환한다. 〈그림 7-20〉과 같이 특정값에서 최대값까지 범위를 지정할 수도 있다. 41분에서 최대값까지는 3으로 변경한다. 변인 내의 필요한 모든 값이 포함되게 변환한 다음 〔계속〕을 클릭한다.

〈그림 7-19〉 코딩변경 7

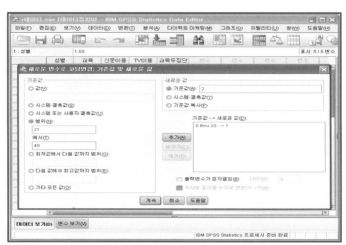

〈그림 7-20〉 코딩변경 8

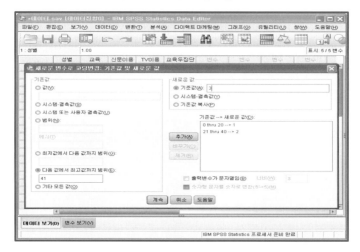

〈그림 7-21〉에서 보듯이 〈신문이용〉이라는 변인이 〈신문이용상중하〉라는 변인으로 변경되어 나타난다. 〈신문이용〉은 응답자들이 신문을 실제로 구독한 시간(분)이며, 〈신문이용상중하〉는 신문구독시간에 따라 응답자들을 세 집단으로 분류한 것이다.

〈그림 7-21〉 코딩변경 9

2) 새 변인 생성

연구자가 기존의 변인을 더하기, 빼기, 곱하기, 나누기 등 수학적 처리를 통해서 새로운 변인을 만들고자 할 때 〈변수계산(C)〉을 이용한다. 연구자가 〈신문이용〉이라는 변인과 〈TV이용〉이라는 두 변인을 합하여 〈미디어이용〉이라는 변인을 만든다고 가정하자. 우선 〈그림 7-22〉와 같이 메뉴판의 [변환(T)]을 클릭하여 [변수계산(C)]을 선택한다.

〈그림 7-22〉 변수계산 1

〈그림 7-23〉과 같이 〔변수계산〕 창이 새롭게 나타나면 〔대상변수(T)〕에는 새롭게 만드는 변인인 〈미디어이용〉을 입력한다. 왼쪽 아래의 변인 중에서 함수에 포함될 변인을 클릭하고 ➡를 이용하여 〔숫자표현식(E)〕 창으로 이동시킨다. 〈신문이용〉과 〈TV이용〉 사이의 '+'는 가운데 있는 계산기에서 클릭한다. 〔확인〕을 클릭한다.

〈그림 7-23〉 변수계산 2

〈그림 7-24〉와 같이 〈신문이용〉과 〈TV이용〉을 합한 〈미디어이용〉 변인이 새롭게 만들어진다.

〈그림 7-24〉 변수계산 3

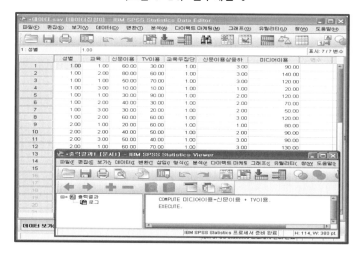

<표 7-2> COMPUTE 명령문에서 사용될 수 있는 수학적 표기

SPSS/PC⁺ 표기	내 용	보 기
+	더하기	변인1=변인2+변인3
−	빼기	변인1=변인2−변인3
*	곱하기	변인1=변인2 * 변인3
/	나누기	변인1=변인2/변인3
**	제곱	변인1=변인2 ** 2
ABS	절대값	변인1=ABS(변인2)
SQRT	제곱근($\sqrt{\ }$)	변인1=SQRT(변인2)
LN	로그	LN(변인1)
SIN	사인(*sine*)	변인1=SIN(변인2)
COS	코사인(*cosine*)	변인1=COS(변인2)

〈변수계산〉에 사용될 수 있는 기본적 기호와 수학적 처리는 〈그림 7-23〉에 나타나 있으며, 이를 구체적으로 살펴보면 〈표 7-2〉와 같다.

4. 데이터를 선택하는 방법

연구자는 조사대상 전체를 집단으로 구분하여 분석거나 조사 대상 전체의 일부만을 선택하여 분석할 필요가 있을 수 있다. 이를 위해 〔파일분할〕, 〔케이스 선택〕의 방법을 사용할 수 있다.

1) 파일분할

연구자가 조사 대상 전체에 대한 분석 결과를 특정 집단에 따라 구분하여 분석할 때 사용하는 방법이다. 예를 들어 연구자가 남성과 여성에 따라 분석결과를 구분하여 비교하고자 한다. 이를 위해 〈그림 7-25〉와 같이 메뉴판의 〔데이터(D)〕를 클릭하고 아래 부분의 〔파일분할(F)〕을 선택한다.

〈그림 7-25〉 파일분할 1

〈그림 7-26〉과 같이 〔파일분할〕 창이 나타나면, 〔●모든 케이스 분석, 집단은 만들지 않음(A)〕이 기본으로 설정되어 있다. 결과를 동일한 표에 제시하고자 한다면, 〔●집단들 비교(C)〕를 선택하고, 성별에 따라 표를 따로 제시하고자 한다면 〔●각 집단별로 출력결과를 나타냄(O)〕을 선택한다. 집단의 대상이 되는 변인(성별)을 왼쪽에서 클릭하고 ➡ 를 이용하여 〔분할집단변수(G)〕 창으로 이동시킨다. 〔확인〕을 클릭한다.

〈그림 7-26〉 파일분할 2

실제로 〈그림 7-25〉와 같은 데이터 편집기에는 아무 변화가 없지만, 분석할 경우 〈그림 7-27〉과 〈그림 7-28〉에서와 같이 집단에 따라 구분되어 나타난다.

〈그림 7-27〉 파일분할 3([◉ 집단들 비교] 선택)

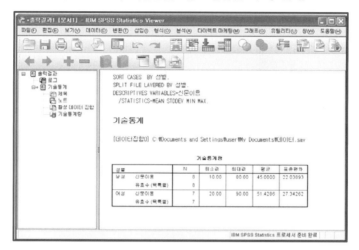

〈그림 7-28〉 파일분할 4([◉ 각 집단별로 출력결과를 나타냄] 선택)

2) 케이스 선택

조사대상 중 특정 대상만을 선택하여 분석하고자 할 때 사용하는 명령문이 〔케이스 선택 (S)〕이다. 연구자가 조사 대상자 중 남성만을 선택하여 분석한다고 가정하자. 이를 위해 〈그림 7-29〉와 같이 메뉴판의 〔데이터(D)〕를 클릭하고 아래 부분의 〔케이스 선택 (S)〕을 선택한다.

〈그림 7-29〉 케이스 선택 1

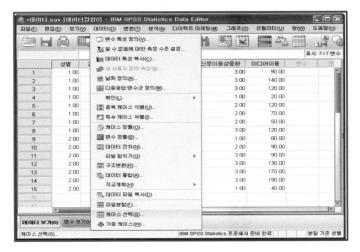

〈그림 7-30〉과 같이 〔케이스 선택〕 창이 나타나면 〔●모든 케이스(A)〕가 기본으로 설정되어 있다. 특정 조건에 맞는 케이스만을 선택하고자 한다면 〔●조건을 만족하는 케이스(C)〕를 선택하고 그 아래의 〔조건(I)〕을 클릭한다.

〈그림 7-30〉 케이스 선택 2

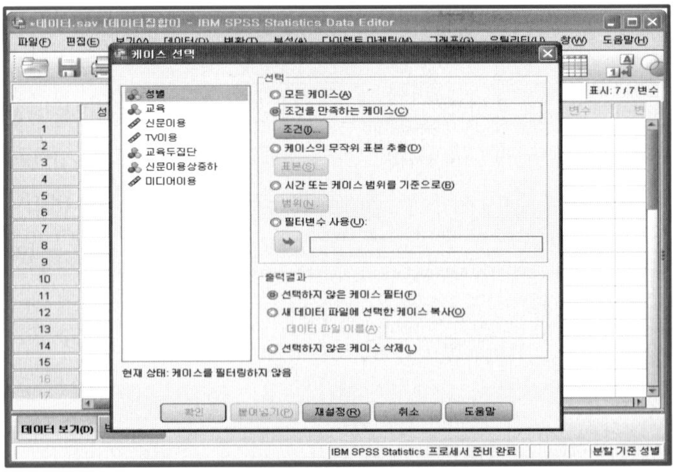

〈그림 7-31〉과 같이 〔케이스 선택: 조건〕 창이 나타나면 왼쪽의 변인(성별)을 클릭하고 ➡를 이용하여 오른쪽으로 이동시킨다. 1이 남성이므로 〈성별〉 변인 다음에 '=1'을 직접 입력하거나 가운데 있는 계산기에서 '='과 '1'을 클릭한다. 〔성별=1〕이 조건이 된다. 〔계속〕을 클릭한다.

<그림 7-31> 케이스 선택 3

<그림 7-32>가 나타나는데 <그림 7-30>과는 달리 〔조건(I)〕 옆에 '성별 = 1'이 생겼다. 조건에 의해 선택되지 않은 케이스는 기본적으로 〔◉ 선택하지 않은 케이스 필터(F)〕가 설정되어 있다. 〔◉ 선택하지 않은 케이스 삭제(L)〕를 선택하면 선택되지 않은 케이스는 모두 삭제된다. 〔◉ 새 데이터 파일에 선택한 케이스 복사(O)〕를 클릭하여 새로운 파일을 만들 수 도 있다. 〔확인〕을 클릭한다.

<그림 7-32> 케이스 선택 4

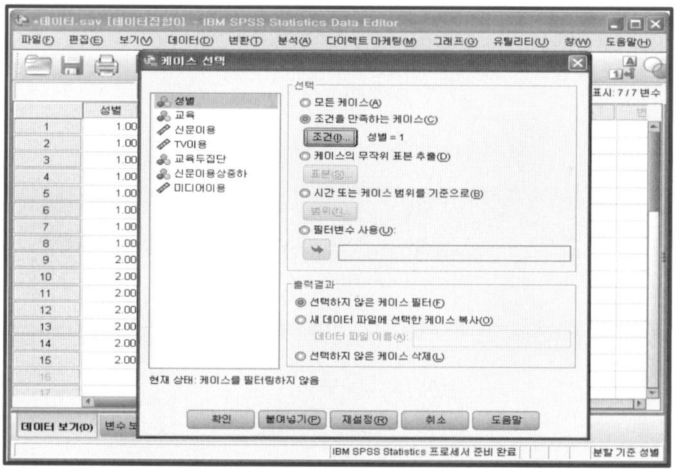

<그림 7-33>에서와 같이 남성(성별 = 1)은 남아 있지만 여성(성별 = 2)의 경우에는 〔 / 〕 표시가 나타난다. 이는 <그림 7-32>에서 선택되지 않은 케이스에 대해 〔◉ 선택하지 않은 케이스 필터(F)〕를 설정했기 때문이다. <filer_$>라는 변인이 새로 생겼으며, 이 변

인의 1은 선택된 케이스, 0은 배제된 케이스이다. 다음으로 어떤 분석을 하든지 선택된 남성에 대한 결과만이 제시된다.

〈그림 7-33〉 케이스 선택 5

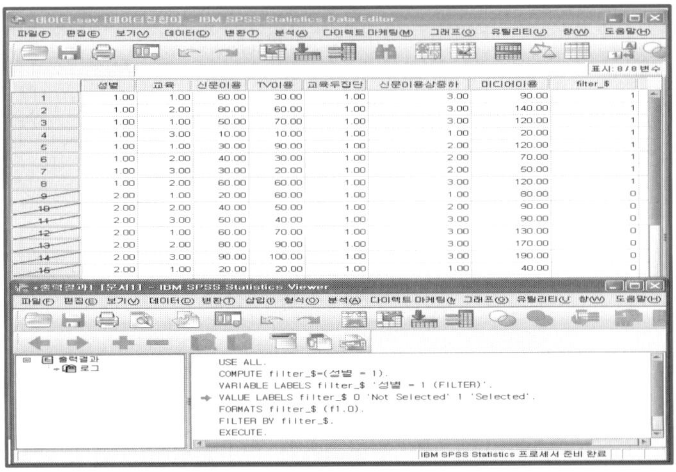

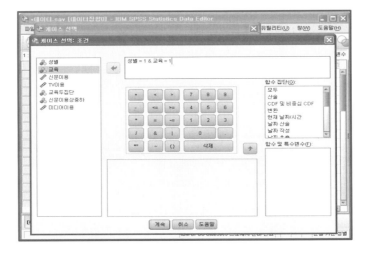

〈그림 7-29〉부터 〈그림 7-33〉까지는 조건이 하나인 경우인데, 때로 연구자는 두 가지 조건을 만족하는 응답자만을 선택하여 분석하고자 할 때도 있다. 연구자는 남성(성별=1) 중에서 중졸(교육=1)인 사람의 응답만을 분석하고자 한다. 이를 위해 〈그림 7-29〉, 〈그림 7-30〉과 같은 방식으로 하여 〔케이스 선택: 조건〕 창이 나타나게 한다. 다음으로 〈그림 7-31〉과 같이 '성별=1'이라는 방정식을 만들고 '&'(and)와 '교육=1'이라는 방정식을 가운데 부분의 기호와 숫자를 이용하여 만든다. 〔계속〕을 클릭한다.

〈그림 7-34〉 케이스 선택 6

〈그림 7-32〉와 달리 〈그림 7-35〉의 〔조건(Ｉ)〕 옆에는 '성별=1 & 교육=1'이 생긴다. 〔확인〕을 클릭한다.

〈그림 7-35〉 케이스 선택 7

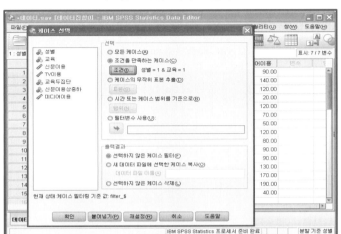

〈그림 7-36〉과 같이 남성 중에서 학력이 중졸인 사람만이 선택되고 나머지는 배제된다. 〈그림 7-33〉과 같이 〈filer_＄〉 변인이 생겼다. 이 경우에는 세 사람만이 조건을 만족시키는 것으로 보인다. 다음으로 어떤 분석을 하든지 선택된 중졸학력의 남성에 대한 결과만이 제시된다.

〈그림 7-36〉 케이스 선택 8

5. 통계방법을 정의하는 방법

통계방법을 정의하는 방법은 각 통계방법에서 자세히 설명한다. 〈그림 7-37〉의 메뉴판의 〔분석(A)〕을 클릭하면 개별 통계방법이 제시된다.

〈그림 7-37〉 통계방법의 종류

연습문제

주관식

1. SPSS/PC⁺(20.0) 프로그램의 체계를 정리해 보시오.

2. 데이터를 정의하는 명령문 중 〈변인 정의〉와 〈변인값 설명〉을 설명하시오.

3. 데이터를 변환하는 명령문 중 〈코딩변경〉과 〈변수계산〉을 설명하시오.

4. 데이터를 선택하는 명령문 중 〈케이스 선택〉을 설명하시오.

5. 통계방법을 정의하는 명령문이 무엇인지 설명하시오.

객관식

1. 데이터를 정의하는 명령문이 아닌 것을 고르시오.
   ① 변인 정의 명령문
   ② 코딩 변경 명령문
   ③ 변인 설명 명령문
   ④ 변인값 설명 명령문

2. 데이터를 변환하는 명령문 중 맞는 것을 고르시오.
   ① 변인 설명 명령문
   ② 케이스 선택 명령문
   ③ 변인값 설명 명령문
   ④ 코딩 변경 명령문

3. 데이터를 선택하는 명령문 중 맞는 것을 고르시오.
   ① 케이스 선택 명령문
   ② 코딩 변경 명령문
   ③ 변인 정의 명령문
   ④ 변수 계산 명령문

해답: p. 261

기술통계(*descriptive statistics*) • 8

이 장에서는 데이터 분석의 첫 단계인 기술통계(*descriptive statistics*)를 살펴본다. 표본 연구에서 연구자는 가장 먼저 표본의 특성을 기술하는 기술통계 값을 구한다. 기술통계 는 변인의 기본적 특성을 보여주는 분포(*distribution*)와 중앙경향(*central tendency*), 빈 도(*frequency*)와 백분율(*percent*), 산포도(*dispersion*), 표준오차(*standard error*)를 살펴본 다. 기술통계에서 제시하는 값들은 Windows용 SPSS/PC⁺ 프로그램이 계산을 해주기 때문에 독자는 계산 공식에 신경 쓸 필요가 없다. 값의 의미를 파악하는 데 온 주의를 기울이기 바란다.

1. SPSS/PC⁺ 메뉴판 실행방법

[실행방법 1]

메뉴판의 [분석(A)]을 선택하여 [기술통계량(E)]을 클릭하고 [빈 도분석(F)]을 클릭한다.

[실행방법 2]

[빈도분석]창이 나타나면, 분석하고자 하는 변인을 왼쪽에서 오른쪽의 [변수(V)] 칸으로 옮긴다 (➡). 변인은 (➡)를 이용하여 이동한다. [☑ 빈도표 출력(D)]은 기본으로 설정되어 있다. 오른편의 [통계량(S)]을 클릭한다.

[실행방법 3]

[빈도분석: 통계량] 창이 나타나면, [중심경향]의 [☑ 평균(M)], [☑ 중위수(D)], [☑ 최빈값(O)]을 클릭한다. [산포도]의 [☑ 표준편차(T)], [☑ 분산(V)], [☑ 범위(A)], [☑ 최소값(I)], [☑최대값(X)], [☑ 평균의 표준오차(E)]를 클릭한다. [분포]의 [☑ 왜도(W)], [☑ 첨도(K)]를 클릭한다. 아래쪽의 [계속]을 클릭하면, [실행방법 2]로 돌아간다.

[실행방법 4]

[실행방법 2]의 빈도분석 창이 나타나면, 왼쪽의 [도표(C)]를 클릭한다. [빈도분석: 도표] 창이 나타나면, [◉ 히스토그램(H): ☑ 히스토그램에 정규곡선 표시(S)]를 클릭한다. [계속]을 클릭한다.

[실행방법 2]의 형태로 돌아가면,
오른쪽 위의 [확인]을 클릭한다.

분석결과가 새로운 창에 *출력결
과 1[문서1]로 나타난다. 〈태도〉
변인에 대한 통계량(평균, 평균의
표준오차, 중위수 등)이 제시된
다. [실행방법 4]에서 선택한 모
든 통계량이 제시된다.

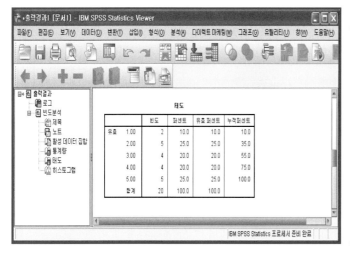

〈태도〉의 빈도표가 제시된다. 빈
도표에는 빈도, 퍼센트, 유효퍼센
트, 누적퍼센트가 제시된다.

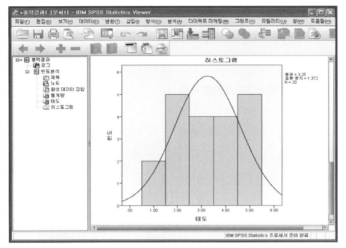

[분석결과 3]

[실행방법 5]의 [빈도분석: 도표]
창에서 선택한 [히스토그램]과
[정규분포곡선]이 제시된다. 〈태
도〉 변인에 대한 [히스토그램]과
[정규분포곡선]이 제시된다.

2. 분포

분포(*distribution*)란 변인의 전체 모양을 살펴보는 것으로, 이를 보여주는 값으로는왜도 (*skewness*)와 첨도(*kurtosis*)가 있다. 왜도와 첨도 값은 변인의 분포가 정상분포곡선 (*normal distribution curve*)으로부터 얼마나 벗어났는지를 보여준다. 정상분포곡선에 대해서는 제9장에서 살펴본다. 현 단계에서 정상분포곡선은 봉우리가 하나인 좌우대칭형의 종 모양으로 생긴 곡선이라고 생각하면 된다(〈그림 8-1〉 참고).

〈그림 8-1〉 정상분포곡선

1) 왜도

왜도는 변인의 분포가 정상분포곡선으로부터 오른쪽 또는 왼쪽으로 치우친 정도를 보여주는 값이다. 정상분포곡선일 때 왜도의 값은 '0'이다. 〈그림 8-2〉에서 보듯이 '+값'은 변인의 분포가 정상분포곡선보다 왼쪽으로 치우친 경우를 의미한다. 이 분포의 특징은 사례의 상당수가 평균값의 왼쪽에 몰려 있기 때문에 분포의 꼬리가 오른쪽으로 길게 늘

〈그림 8-2〉 왜도 값과 분포의 모양

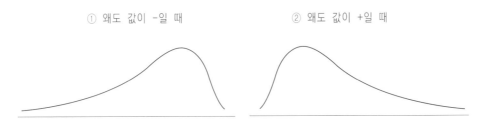

① 왜도 값이 -일 때　　　　　② 왜도 값이 +일 때

어져 있다. '-값'은 변인의 분포가 정상분포곡선보다 오른쪽으로 치우친 경우를 의미한다. 이 분포의 특징은 사례의 상당수가 평균값의 오른쪽으로 몰려 있기 때문에 분포의 꼬리는 왼쪽으로 길게 늘어져 있다.

2) 첨도

첨도는 변인의 분포가 정상분포곡선으로부터 위쪽 또는 아래쪽으로 치우친 정도를 보여주는 값이다. 정상분포곡선일 때 첨도 값은 '0'이다. 〈그림 8-3〉에서 보듯이 '+값'은 변인의 분포가 정상분포곡선보다 위쪽으로 치우친 경우를 의미한다. 이 분포의 특징은 사례의 상당수가 평균값 근처에 몰려 있기 때문에 뾰족한 모양이다. '-값'은 변인의 분포가 정상분포곡선보다 아래쪽으로 치우친 경우를 의미한다. 이 분포의 특징은 사례의 상당수가 평균값을 중심으로 양쪽에 넓게 퍼져 있기 때문에 분포는 평평한 모양이다.

　변인의 왜도와 첨도의 값은 변인의 분포가 정상분포곡선과 얼마나 일치하느냐를 보여주기 때문에 일치하면 모수통계방법을 사용하고, 불일치하면 비모수통계방법을 사용하는 것이 바람직하다.

〈그림 8-3〉 첨도의 값과 분포의 모양

① 첨도 값이 +일 때　　　　　② 첨도 값이 -일 때

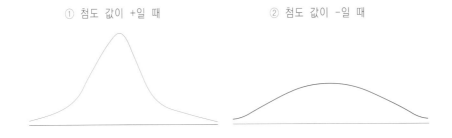

〈표 8-1〉 Windows용 SPSS/PC⁺(20.0) 프로그램의 왜도와 첨도 결과

| 왜도 | -0.007 | 왜도의 표준오차 | .580 |
| 첨도 | -1.021 | 첨도의 표준오차 | 1.121 |

　Windows용 SPSS/PC⁺(20.0)의 기술통계 프로그램을 실행하면 〈표 8-1〉과 같은 결과를 얻을 수 있다. 〈표 8-1〉의 결과를 살펴보면, 이 변인의 분포는 왼쪽으로 꼬리가 약간 길게 늘어지고(왜도 값이 -0.077이기 때문에), 아래로 치우친 편편한 모양(첨도 값이 -1.021이기 때문에)임을 알 수 있다. 〈표 8-1〉에서 제시된 '표준오차'(*standard error*)는 뒤에서 자세히 살펴본다.

3. 중앙경향

변인의 중앙경향을 보여주는 값은 평균값(*mean*)과 중앙값(*median*), 최빈값(*mode*) 세 가지이다. 이 값들은 변인의 특성을 간단하게 보여준다.

1) 평균값

평균값은 변인의 산술평균값으로서 각 사례의 점수의 합을 사례 수로 나눈 값을 말한다. 평균값을 구하기 위해서 변인은 등간척도, 또는 비율척도로 측정되어야 한다. 평균값은 일상생활에서 많이 쓰이고 있기 때문에 매우 익숙한 개념일 것이다.
　Windows용 SPSS/PC⁺(20.0) 프로그램을 실행하면 〈표 8-2〉와 같은 결과를 얻을 수 있다. 〈표 8-2〉의 결과를 살펴보면 이 변인의 평균값은 3.133이다.

〈표 8-2〉 Windows용 SPSS/PC⁺(20.0) 프로그램의 중앙경향 결과

| 평균값 | 3.133 | 중앙값 | 3.000 | 최빈값 | 3.000 |

2) 중앙값

중앙값(프로그램 결과표에서는 중위수로 표시됨)은 변인 분포의 누적 백분율 50%에 위치한 값이다. 중앙값을 구하기 위해서 변인은 등간척도, 또는 비율척도로 측정되어야 한

다. 〈표 8-2〉의 결과를 보면 이 변인의 중앙값(중위수)은 3.000이다.

3) 최빈값

최빈값은 변인의 분포에서 가장 많이 나타나는 값이다. 최빈값은 변인의 척도(명명척도, 서열척도, 등간척도, 비율척도)에 관계없이 구할 수 있다. 예를 들면, 한 변인의 값이 3, 5, 3, 7, 3일 때 이 변인의 최빈값은 3이다. 만일 둘 이상의 값이 같은 빈도일 때 Windows용 SPSS/PC$^+$ 프로그램은 작은 값을 최빈값으로 제시한다. 〈표 8-2〉의 결과를 보면 이 변인의 최빈값은 3.000이다.

4. 빈도와 백분율

변인의 분포를 분석하면 각 값에 속한 사례 수와 전체 사례 중에서 이들이 차지하는 비율을 알 수 있다. 각 값에 속한 사례 수를 빈도라고 부르고, 전체 사례 중 이 사례 수가 차지하는 비율을 백분율이라고 부른다. 백분율에는 모든 사례 중 각 값의 사례 수가 차지하는 비율을 계산한 퍼센트, 무응답을 제외한 전체 사례 중 각 값의 사례 수가 차지하는 비율을 계산한 유효 퍼센트, 그리고 각 값의 백분율을 합하는 누적 퍼센트 등 세 가지가 있다.

〈표 8-3〉에 제시된 텔레비전 시청량의 결과를 예로 살펴보면, 텔레비전 시청량은 5점 척도(시간)로 측정하였음을 알 수 있다.

빈도는 각 값에 속한 사례 수를 보여주는데, 합계에서 보듯이 표본의 수는 16명이고, 이 중 15명은 응답한 반면 1명은 무응답자(결측)임을 알 수 있다. 16명 중 텔레비전을 1시간 시청하는 사람은 2명, 2시간 시청하는 사람은 3명, 3시간 시청하는 사람은 4명, 4시간 시청하는 사람은 3명, 5시간 시청하는 사람은 3명, 응답하지 않은 사람은 1명이 었다.

퍼센트는 무응답자를 포함한 모든 사례(16명)에서 각 값에 속한 사람의 백분율을 보여준다. 텔레비전을 1시간 시청하는 사람의 비율은 12.5%, 2시간 시청하는 사람의 비율은 18.8%, 3시간 시청하는 사람의 비율은 25.0%, 4시간 시청하는 사람의 비율은 18.8%, 5시간 시청하는 사람의 비율은 18.8%로 나타났다.

유효 퍼센트는 무응답자를 제외한 전체 사례(15명)에서 각 값에 속한 사람의 백분율을 보여준다. 텔레비전을 1시간 시청하는 사람의 비율은 13.3%, 2시간 시청하는 사람의 비율은 20.0%, 3시간 시청하는 사람의 비율은 26.7%, 4시간 시청하는 사람의 비

<表 8-3> 빈도와 백분율

텔레비전 시청량(시간)	빈 도	퍼센트	유효 퍼센트	누적 퍼센트
1	2	12.5	13.3	13.3
2	3	18.8	20.0	33.3
3	4	25.0	26.7	60.0
4	3	18.8	20.0	80.0
5	3	18.8	20.0	100.0
합 계	15	93.8	100.0	
결 측	1	6.3		
합 계	16	100.0		

율은 20.0%, 5시간 시청하는 사람의 비율은 20.0%로 나타났다.

〈표 8-3〉에서처럼 무응답자(1명)가 있을 경우에는 퍼센트와 유효 퍼센트가 다르게 나타나지만, 무응답자가 없을 경우에는 퍼센트와 유효 퍼센트의 값은 같아진다.

누적 퍼센트는 각 값의 유효 퍼센트를 차례로 더한 값이다. 텔레비전을 1시간 시청하는 사람의 누적 퍼센트는 13.3%, 2시간 시청하는 사람의 누적 퍼센트는 33.3%(13.3% + 20.0%), 3시간 시청하는 사람의 누적 퍼센트는 60.0%(33.3% + 26.7%), 4시간 시청하는 사람의 누적 퍼센트는 80.0%(60.0% + 20.0%), 5시간 시청하는 사람의 누적 퍼센트는 100.0%(80.0% + 20.0%)로 나타났다. 누적 퍼센트의 50%에 위치한 값을 중앙값(median)이라고 부르는데, 이 예에서 50%(50%는 60%에 속해 있다)에 속한 '3'이 중앙값이다.

5. 산포도

변인의 특성을 기술하는 값으로 평균값과 중앙값, 최빈값에 대해 알아보았다. 이 세 가지 값 중 특히 평균값은 변인의 특성을 한눈에 알아볼 수 있게끔 해주기 때문에 중요하다. 예를 들어 특정 국가가 얼마나 잘 사는지를 판단하기 위해 일반적으로 국민 1인당 평균 소득을 살펴본다. 이처럼 평균값을 통해 간단하게 현상을 기술하거나 비교할 수 있기 때문에 평균값은 과학적 연구에서뿐 아니라 일상생활에서 가장 많이 사용된다.

평균값이 변인의 특성을 기술하거나 비교하는 데 매우 유용한 것이 사실이지만 평균값만 가지고서 변인을 기술하다 보면 판단을 잘못할 수가 있다. 왜냐하면 변인의 특성을 기술하거나 비교하기 위해서는 그 변인의 평균값뿐 아니라 그 변인이 얼마나 동질적인지, 이질적인지도 알아야 하기 때문이다. 예를 들어 국민 1인당 평균 소득을 가지고 A, B 두 국가의 생활수준을 비교한다고 가정하자. 조사결과 A와 B 두 국가의 1인당 평균 국민소득은 10,000달러로 같았다. 평균값을 비교하여 두 나라의 국민소득이 같다는 결론을 내릴 수 있지만, 변인의 특성을 정확하게 기술했다고 말할 수 없다.

변인의 특성을 좀더 정확하게 이해하기 위해서는 그 변인의 동질성의 정도를 알아야 한다. 극단적 예를 들어 A와 B 각 국가의 인구는 두 사람이고, A의 경우 한 사람은 소득이 1,000달러, 다른 사람은 소득이 19,000달러라고 가정하고, B의 경우 한 사람은 소득이 9,000달러, 다른 사람은 소득이 11,000달러라고 가정하자. A와 B 두 국가의 일인당 평균 소득은 다같이 10,000달러이다. 같은 10,000달러라 하더라도 두 국가의 생활수준이 같다고 말할 수 없다. 좀더 정확하게 말하려면 두 국가의 1인당 평균 국민소득은 10,000달러로 같지만, A 국가는 빈부의 격차가 심한 나라이고, B 국가는 국민들 사이에 부가 골고루 분배된 나라라고 해야 한다.

이처럼 변인이 동질적인가 또는 이질적인가를 보여주는 통계 값이 바로 산포도(dispersion)이다. 산포도란 각 점수들이 평균값을 중심으로 얼마나 퍼져 있는가를 보여주는 값이다. 평균값과 아울러 산포도 값을 살펴봄으로써 비로소 변인의 특성을 보다 정확하게 기술할 수 있다.

산포도를 보여주는 값은 범위(range)와 제곱의 합(Sum of Square), 변량(variance), 표준편차(standard deviation) 네 가지가 있다. 이 중 제곱의 합과 변량, 표준편차는 계산 방식에 차이가 있을 뿐 같은 개념이다.

1) 범위

산포도를 보여주는 값 중 가장 간단한 것이 범위이다. 범위를 통해 변인이 동질적인지, 이질적인지를 쉽게 판단할 수 있다. 범위란 최대값에서 최소값을 뺀 수치이다. 최소값이란 변인의 분포 중 가장 작은 값이고, 최대값이란 가장 큰 값을 말한다.

Windows용 SPSS/PC⁺(20.0) 프로그램을 실행하면 범위와 최소값, 최대값이 제시된다. 〈표 8-4〉에서 보듯이 범위는 2인데, 이 값은 최대값 3에서 최소값 1을 뺀 수치이다.

$$범위 = 최대값 - 최소값$$

범위	2.000	최소값	1.000	최대값	3.000
변량	0.638	표준편차	0.799		

2) 변량

변량은 통계에서 핵심적 위치를 차지하는 매우 중요한 개념이다. 변량은 개별 점수가 평균값으로부터 퍼져 있는 정도를 보여주는 값이다. 이 값도 범위와 마찬가지로 변인의 동질성을 측정하는 데 사용된다. 따라서 변량의 값이 작으면 작을수록 그 변인은 동질적이고, 변량의 값이 크면 클수록 그 변인은 이질적이라고 말할 수 있다. 변량과 밀접하게 연결된 개념으로 제곱의 합과 표준편차가 있다.

Windows용 SPSS/PC⁺ 프로그램을 실행하면, 변량과 표준편차가 제시된다. 〈표 8-4〉에서 보듯이 변량은 0.638이고, 표준편차는 0.799이다.

변량과 제곱의 합, 표준편차 개념을 간단한 예를 들어 살펴보자.

연구자가 A, B, C 각 학급 당 다섯 명을 표본으로 선정하여 5점 만점의 통계시험을 보았다고 가정하자. 〈표 8-5〉에서 보듯이 A반의 경우 각 학생이 받은 통계 점수는 1점, 2점, 3점, 4점, 5점이고, B반의 경우 전원이 3점을 받았다. C반의 경우 각 학생이 받은 통계 점수는 5점, 0점, 5점, 0점, 5점이었다. 각 학급의 평균값을 구해보면 A, B, C 학급의 합계는 15점이고, 사례가 5명이기 때문에 평균값은 전부 3점이다.

앞에서 말했듯이, 세 학급의 평균값이 같다고 해서 세 학급이 같은 학업 성취도를 보인다는 결론을 내려서는 안 된다. 왜냐하면, 각 학급이 얼마나 동질적인지 이질적인지를 판단할 수 있는 산포도 값을 모르기 때문이다.

〈표 8-5〉 각 학급의 통계시험 성적표

	A	B	C
1	1	3	5
2	2	3	0
3	3	3	5
4	4	3	0
5	5	3	5
합	15	15	15
평균값	3	3	3

<표 8-6> 각 학급 통계 성적의 산포도

	A			B			C		
	점수	차이	제곱	점수	차이	제곱	점수	차이	제곱
1	1	(-3 = -2)	4	3	(-3 = 0)	0	5	(-3 = +2)	4
2	2	(-3 = -1)	1	3	(-3 = 0)	0	0	(-3 = -3)	9
3	3	(-3 = 0)	0	3	(-3 = 0)	0	5	(-3 = +2)	4
4	4	(-3 = +1)	1	3	(-3 = 0)	0	0	(-3 = -3)	9
5	5	(-3 = +2)	4	3	(-3 = 0)	0	5	(-3 = +2)	4
차이의 합	0			0			0		
제곱의 합	10			0			30		
변량	2			0			6		
표준편차	1.414			0			2.449		

세 학급의 특성을 좀더 정확하게 기술하고 비교하기 위해서는 각 학급이 얼마나 동질적인지, 이질적인지를 알아야 한다. 이 경우 각 학급에서 선정한 표본의 사례 수가 다섯 명밖에 되지 않기 때문에 B 학급이 가장 동질적이고, C 학급이 가장 이질적이라는 것을 눈으로 쉽게 알 수 있다. 그러나 실제 연구에서는 사례 수가 많기 때문에 눈으로 확인하기란 불가능하다. 따라서 변량의 값으로 판단한다. 각 학급의 변량을 계산하는 방법을 알아보자.

변량이란 개별 점수가 평균값으로부터 퍼져 있는 정도를 말한다. 따라서 먼저 원점수와 평균값과의 차이를 알아야 한다. <표 8-6>의 '차이' 칸에서 보듯이 원점수에서 평균값을 빼고 그 차이 점수를 구했다. A 학급의 경우 첫 번째 사람의 차이 점수는 원점수 1에서 평균값 3을 뺀 -2점이고, 두 번째 사람의 차이 점수는 원점수 2에서 평균값 3을 뺀 -1점이고, 세 번째 사람의 차이 점수는 원점수 3에서 평균값 3을 뺀 0점이며, 네 번째 사람의 차이 점수는 원점수 4에서 평균값 3을 뺀 +1점이고, 마지막 다섯 번째 사람의 차이 점수는 원점수 5에서 평균값 3을 뺀 +2점이다. B와 C 학급 학생들의 차이 점수도 원점수에서 각 학급의 평균값을 빼서 계산하면 된다.

이제 원점수와 평균값과의 차이 점수를 구했기 때문에 이 점수를 합하여 우리는 변량을 계산하려고 한다. 그러나 이렇게 할 때 문제가 발생한다. 각 학급의 차이 점수의 합은 '0'이 되기 때문이다. 어떤 경우에도 원점수에서 평균값을 뺀 차이 점수를 합하면 '0'이 된다. 모든 학급이 '0'이기 때문에 이 점수를 가지고서는 어떤 학급이 동질적인지 또는 이질적인지를 판단할 수가 없다.

이 문제를 해결하기 위해 수학적 처리를 통해 차이 점수를 계산해보자. '+'와 '-' 부호에 영향을 받지 않고 변량을 계산하기 위해서는 세 가지 절차를 거친다. 첫 번째로 각각의 차이 점수를 제곱하고, 제곱한 각 점수를 더한다. 제곱한 값을 더했기 때문에 제곱의 합이라고 부른다. A반의 경우, 10이고, B반은 0, C반은 30이 된다.

두 번째로 제곱의 합의 평균값을 구한다. 이 값은 제곱의 합을 사례 수로 나누어서 구한다. 제곱의 합의 평균값이 변량이다. 또는 제곱의 합을 평균한 값이기 때문에 평균 제곱의 합(mean square)이라고도 한다. 즉, 변량과 평균 제곱의 합은 같은 말이다. Windows용 SPSS/PC$^+$ 프로그램 결과를 보면 어떤 경우에는 변량이라고도 쓰고, 어떤 경우에는 평균 제곱의 합이라고도 쓰는데 같은 말이니 혼동하지 말기 바란다.

A 학급은 제곱의 합이 10이고 사례 수가 5명이기 때문에 변량은 2이고, B 학급은 제곱의 합이 0이기 때문에 변량도 0이고, C 학급은 제곱의 합이 30이고 사례 수가 5명이기 때문에 변량은 6이 된다. 변량을 구하는 데 주의해야 할 점이 있다. 제곱의 합의 평균값, 즉 변량을 구하기 위해 지금은 제곱의 합을 사례 수로 나누어 계산했지만, 원칙적으로는 제곱의 합을 자유도(degree of freedom)로 나누어야 한다. 자유도는 사례 수에서 1을 뺀(사례 수 - 1) 값인데, 아직 자유도라는 개념을 배우지 않았기 때문에 지금은 제곱의 합을 사례 수로 나누어 변량을 구한다고 생각하면 된다.

세 번째로 처음에 의도한 점수를 구하기 위해 변량을 제곱근($\sqrt{}$)한 값을 구한다. 변량은 차이 점수를 제곱해서 계산한 값이기 때문에 변량을 제곱근하여 원래 구하고자 하는 점수로 환원해야 한다. 변량을 제곱근한 값을 표준편차라고 한다. 따라서 A 학급의 표준편차는 변량 2의 제곱근한 값인 1.414, B 학급은 변량 0의 제곱근한 값인 0, C 학급은 변량 6의 제곱근한 값인 2.449이다.

이제 이 값을 이용하여 집단의 동질성 여부를 알아보자. A 학급의 제곱의 합은 10, 변량은 2, 표준편차는 1.414이고, B 학급의 제곱의 합은 0, 변량도 0, 표준편차도 0이다. 그리고 C 학급의 제곱의 합은 30, 변량은 6, 표준편차는 2.449이다. 이 값으로 판단할 때 비록 각 학급의 평균값은 3으로 같지만 B 학급이 가장 동질적이고, 다음으로 A 학급, C 학급은 가장 이질적임을 알 수 있다. 이 학교의 통계 담당 선생님이라면 각 학급의 평균 성적이 같다고 해도 변량에 차이가 나기 때문에 학급별로 공부를 가르치는 전략을 달리해야 할 것이다. 이처럼 변량은 평균값과 함께 변인의 특성을 기술하는 데 없어서는 안 될 중요한 정보를 제공해 준다.

기술통계에서 변량은 원점수들이 평균값으로부터 퍼져 있는 정도를 보여주는 값인데, 거의 모든 추리통계방법에서는 이 변량의 개념을 사용하여 변인 간의 인과관계를 분석하기 때문에 잘 기억하기 바란다. 추리통계에서 변량을 어떻게 이용하는지는 제 12장에서 자세히 설명한다.

6. 표준오차

표준오차(*standard error*)는 여러 표본 평균값의 표준편차이다. 표준오차를 구하기 위해서 변인은 반드시 등간척도, 또는 비율척도로 측정해야 한다. Windows용 SPSS/PC⁺ (20.0) 프로그램을 실행하면 평균값의 표준오차와 왜도, 첨도의 표준오차가 제시된다. 〈표 8-7〉에서 보듯이 평균값의 표준오차는 0.206이고, 왜도의 표준오차는 0.580이고, 첨도의 표준오차는 1.121이다.

표준오차 개념에 대해 알아보자. 연구자는 여러 가지 제약으로 인해 특정 표본을 대상으로 연구를 하지만 연구자의 목적은 단순히 표본의 특성을 기술하는 데 있지 않다. 연구자의 최종 목적은 표본의 결과를 토대로 모집단의 특성을 알아내는 데 있다. 그런데 실제 연구에서 연구자는 모집단으로부터 특정 표본을 선정하고, 이 표본을 대상으로 단 한 번의 조사를 한다. 연구자가 바라는 대로 모든 것이 잘 이루어진다면 큰 문제가 없겠지만, 연구를 하다보면 여러 가지 원인 때문에 오류가 발생하게 마련이다. 모집단을 대상으로 하지 않는 한 문제는 언제나 발생한다. 표본과 관련된 문제에 국한해서 볼 때에도, 비록 확률표집방법을 쓴다 해도 표집방법에 따라 결과가 달라지기 마련이다.

표본연구에서 나오는 오류를 최소화하는 여러 가지 방법 중 하나는 모집단으로부터 표본을 여러 번 선정하여 개별 표본들을 조사하고, 개별 표본으로부터 나온 평균값들의 평균값을 다시 구하는 것이다. 예를 들어 우리나라 고등학생의 일일 평균 텔레비전 시청량을 연구한다고 가정해보자. 500명 표본을 선정하여 한번 조사하는 것보다는 500명씩 100개의 표본을 선정하여 연구하고, 각 표본에서 나온 텔레비전 시청량의 평균값들의 평균값을 구할 수 있다면 더 정확한 결과를 얻을 수 있다. 문제는 이렇게 하는 것이 바람직하지만 비현실적이라는 것이다. 통계학자들은 실제로 표본을 여러 번 선정하지 않고서도 같은 효과를 낼 수 있는 개념을 만들었는데, 이것이 표준오차이다. 표본의 평균값과 표준오차를 알면 비교적 정확하게 모집단의 값을 유추할 수 있다는 말이다. 예를 들어, 연구자가 우리나라 고등학생들의 특정 표본을 대상으로 조사한 결과 표본으로 선정된 고등학생들의 평균 텔레비전 시청량이 5시간이었고, 통계학자들이 만든 공식에 따라 표준오차를 계산한 결과 표준오차가 ±1시간이라 가정하자. 이 표본의 결과를 가지고 모집단의 값을 유추해 보면 우리나라 전체 고등학생들의 평균 텔레비전 시청량은 5

〈표 8-7〉 Windows용 SPSS/PC⁺(20.0) 프로그램의 표준오차 결과

평균의 표준오차	.206	첨도의 표준오차	1.121
왜도의 표준오차	.580		

<표 8-8> 표준오차 계산 방법

각 표본의 원점수/평균값/표준편차				표본들의 각 평균값 /평균의 평균값/표준오차	
	A	B	C		
1	1	2	5	A	3
2	2	5	4	B	4
3	3	5	6	C	5
4	4	4	5		
5	5	4	5		
평균값	3	4	5	평균값	4
표준편차	1.414	1.095	0.632	표준편차(표준오차)	0.816

시간 ±1시간, 즉 4시간에서 6시간 사이 어딘가에 있다는 것이다. 다른 예를 들어보면, 우리나라 유권자의 특정 표본을 연구한 결과 특정 대통령 후보의 지지도가 30%이고, 표준오차가 ±3%라면 특정 후보에 대한 우리나라 전체 유권자의 지지도는 30% ±3%, 즉 27%에서 33% 사이에 있다는 것이다. 이처럼 표본의 평균값과 표준오차를 알면 비교적 정확하게 모집단의 평균값을 유추할 수가 있다.

표준오차를 어떻게 계산하는지 살펴보자.

만일 연구자가 모집단으로부터 같은 사례 수를 가진 표본을 계속해서 뽑는다면 〈표 8-8〉의 왼쪽에서 보듯이 A, B, C 등 개별 표본의 평균값과 표준편차를 구할 수 있다. 그리고 〈표 8-8〉의 오른쪽에서 보듯이 이 표본들의 개별 평균값들의 평균값을 구할 수 있고, 또한 평균값들의 표준편차도 구할 수 있다. 이 경우, 평균값들의 평균값은 4이고, 표준편차는 0.816이다. 이때 여러 평균값의 표준편차를 표준오차라고 부른다. 표준편차라고 부르지 않고 표준오차라고 부르는 이유는 개별 표본의 각 점수로부터 계산한 표준편차와 여러 표본들의 평균값들로부터 계산한 표준편차와의 용어상 혼란을 피하기 위해서이다.

그러나 대부분의 연구는 특정 표본을 선정하고, 이 표본을 대상으로 한 번만 연구하기 때문에 실제로 위와 같은 방법으로 표준오차를 계산한다는 것은 불가능하다. 즉, 표준오차는 이론상으로만 존재하는 개념일 뿐 정확하게 계산할 수는 없다. 따라서 통계학자들은 〈표 8-9〉에서 보듯이 표준오차를 구할 수 있는 간단한 공식을 만들었다. 변인이 점수로 측정되었을 때와 %로 측정되었을 때 공식을 통해 표준오차의 추정치를 구할 수 있다.

변인이 점수로 측정되었을 경우, 표준오차 구하는 공식에 나타난 소문자 n은 사례 수이고, SD는 표준편차이다. 표준오차는 표본의 표준편차를 사례 수의 제곱근($\sqrt{\ }$) 한 값

〈표 8-9〉 표준오차 계산 공식

1. 변인이 점수로 측정되었을 경우 표준오차 구하는 공식

$$SE = \frac{SD}{\sqrt{n}}$$

2. 변인이 %로 측정되었을 경우 표준오차 구하는 공식

$$SE(p) = \sqrt{p\frac{(100-p)}{n}}$$

으로 나누어 구한다. 변인이 %로 측정되었을 경우, 표준오차를 구하는 공식에 나타난 소문자 n은 사례 수이고, p는 표본에서 구한 % 결과이다. 표준오차는 100%에서 실제 조사한 %를 뺀 값에 실제 조사한 %를 곱하고 이를 사례 수로 나눈 값을 제곱근($\sqrt{}$)하여 구한다.

참고문헌

오택섭·최현철 (2003), 《사회과학 데이터 분석법 ①》, 나남.
최현철·김광수 (1999), 《미디어연구방법》, 한국방송대학교출판부.

Kerlinger, F. N. (1973), *Foundations of Behavioral Research* (2nd ed.), New York: Holt, Rinehart and Winston.

Miller, D. C. (1977), *Handbook of Research Design and Social Measurement* (3rd ed.), New York: Longman Inc.

Nie, N. H. et al. (1975), *SPSS: Statistical Package for the Social Sciences* (2nd ed.), New York: McGraw-Hill Book Company.

Norusis, M. J. (2000), *SPSS 10.0 Guide to Data Analysis* (Book and Disk ed.), Prentice Hall.

Pallant, J. (2001), *SPSS Survival Manual: A Step By Step Guide to Data Analysis Using SPSS for Windows* (Version 10) (1st ed.), Open Univ Pr.

Pedhazur, E. J., & Schmelkin, L. (1991), *Measurement, Design, and Analysis: An Integrated Approach* (Student ed.), Lawrence Erlbaum Associates.

연습문제

주관식

1. 기술통계를 실행해 보시오.

2. 분포(*distribution*)의 특징을 보여주는 왜도(*skewness*)와 첨도(*kurtosis*)를 설명하시오.

3. 중앙경향(*central tendency*)을 보여주는 평균값(*mean*)과 중앙값(*median*), 최빈값(*mode*)을 비교해 설명해 보시오.

4. 빈도(*frequency*)와 백분율(*percent*)을 설명하시오.

5. 산포도(*dispersion*)를 보여주는 제곱의 합(*sum of square*)과 변량(*variance*), 표준편차(*standard deviation*)를 비교해 설명해 보시오.

6. 표준오차(*standard error*)의 의미를 설명하시오.

객관식

1. 변인의 분포가 정상분포곡선으로부터 오른쪽, 또는 왼쪽으로 치우친 정도를 보여주는 값은 무엇인지 고르시오.
   ① 첨도
   ② 빈도
   ③ 왜도
   ④ 중앙값

2. 변인의 분포가 정상분포곡선으로부터 위쪽, 또는 아래쪽으로 치우친 정도를 보여주는 값은 무엇인지 고르시오.
   ① 변량
   ② 왜도
   ③ 표준오차
   ④ 첨도

3. 변인의 중심경향을 보여주는 값 중 틀린 것을 고르시오.

① 최대값

② 평균값

③ 최빈값

④ 중앙값

4. "분포의 각 값에 속한 사례수를 ( )라고 하며, 전체 사례 중 이 사례수가 차지하는 비율을 ( )이라고 한다"에서 ( )에 들어갈 용어가 맞게 짝지어진 것을 고르시오.

① 빈도, 평균값

② 빈도, 백분율

③ 백분율, 빈도

④ 평균값, 백분율

5. 산포도를 보여주는 값이 아닌 것을 고르시오.

① 제곱 합

② 변량

③ 중앙값

④ 표준편차

6. 산포도에 대한 설명 중 틀린 것을 고르시오.

① 산포도 값이 크면 클수록 그 변인은 동질적이다

② 산포도 값이 작으면 작을수록 그 변인은 동질적이다

③ 산포도 값이 크면 클수록 그 변인은 이질적이다

④ 산포도 값은 각 점수가 평균값으로부터 퍼져 있는 정도를 보여준다

7. 표준오차에 대한 설명 중 맞는 것을 고르시오.

① 표준오차는 중앙값의 표준편차이다

② 표준오차는 최빈값의 표준편차이다

③ 표준오차를 알아도 모집단의 평균값을 유추할 수 없다

④ 표준오차는 평균값들의 표준편차이다

해답: p. 261

추리통계의 기초 · 9

이 장에서는 추리통계방법의 기초가 되는 개념을 살펴본다. 먼저 정상분포곡선(*normal distribution curve*)의 특징과 표준점수(*z-score*), 표준 정상분포곡선(*standardized distribution curve*)의 의미를 살펴본다. 또한 가설의 형태 및 검증방법과 유의도 수준(*significance level*)의 의미를 알아본 후 가설검증을 할 때 나타나는 오류인 제 1종 오류(*Type Ⅰ error*, 또는 *α error*)와 제 2종 오류(*Type Ⅱ error*, 또는 *β error*)를 살펴본다. 마지막으로 추리통계방법의 선정 기준을 알아본다.

1. 정상분포곡선

연구자가 표본의 결과로 모집단의 결과를 유추할 수 있는 근거는 변인의 분포가 정상분포곡선이기 때문이다.

〈그림 9-1〉에서 보듯이 정상분포곡선은 봉우리가 하나인 좌우대칭형의 종 모양이다. 정상분포곡선에서 X축은 변인의 점수이고, Y축은 그림에는 나타나지 않지만 빈도를 의미한다.

먼저 정상분포곡선의 특징을 막대그래프와 사선그래프를 통해 살펴보자.

몸무게를 예로 들면 〈표 9-1〉에서 보듯이 표본을 선정하여 몸무게를 측정한 결과, 40 ~49kg이 3명, 50~59kg이 5명, 60~69kg이 7명, 70~79kg이 5명, 80~89kg이 3명이었다. 몸무게 빈도를 막대그래프로 그려보면 〈그림 9-2〉와 같다.

몸무게 빈도를 사선그래프로 그려보면 〈그림 9-3〉과 같다. 이 사선그래프의 각 점을 연결한 선을 부드러운 곡선으로 그리면 정상분포곡선이 된다. 즉, 정상분포곡선은 각 점수의 빈도를 곡선으로 나타낸 것이다.

정상분포곡선은 몇 가지 중요한 특성을 지닌다. 첫째는 종 모양으로 봉우리가 하나이다. 둘째는 좌우대칭으로 좌우가 같은 모양이다. 셋째는 평균값과 중앙값, 최빈값이 동일하다. 넷째는 전체 면적의 크기는 1 또는 100%이다. 다섯째는 평균값을 중심으로 표준편차 ±1 사이에 전체 사례 수의 68%가 속해 있고, 표준편차 ±2 사이에 전체 사례 수의 95%가 속해 있으며, 표준편차 ±3 사이에 전체 사례 수의 99%가 속해 있다.

〈그림 9-1〉 정상분포곡선

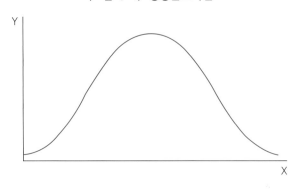

〈표 9-1〉 몸무게 빈도표

몸무게(kg)	40~49	50~59	60~69	70~79	80~89
빈도	3	5	7	5	3

〈그림 9-2〉 몸무게 빈도의 막대그래프

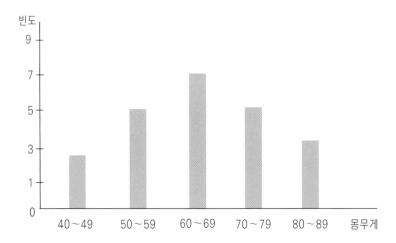

정상분포곡선의 넷째와 다섯째 특성을 그림으로 나타내면 〈그림 9-4〉와 같다. 이러한 특성으로 인해서 표본의 결과로부터 모집단의 결과를 비교적 정확하게 유추할 수 있다.

구체적인 예를 들어보면, 연구자가 우리나라 성인 남성 500명을 표본으로 선정하여 몸무게를 조사한 결과 몸무게의 평균값은 65kg이고, 표준편차는 3kg이 나왔다고 가정하자. 이 결과를 정상분포곡선으로 그리면 〈그림 9-5〉와 같이 된다. 〈그림 9-5〉에서 보듯이 우리나라 성인 남성의 68%는 몸무게 62kg에서(65kg - 3kg) 68kg(65kg + 3kg) 사이에 속하고, 성인의 95%는 몸무게 59kg(65kg - 6kg)에서 71kg(65kg + 6kg) 사이에 속하며, 성

〈그림 9-3〉 몸무게 빈도의 사선그래프

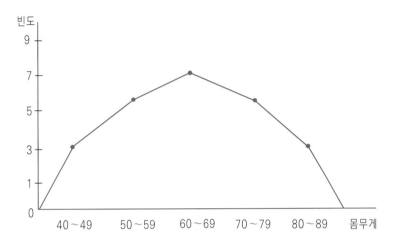

〈그림 9-4〉 정상분포곡선

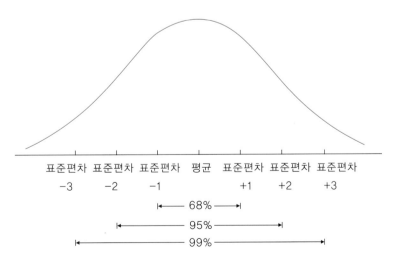

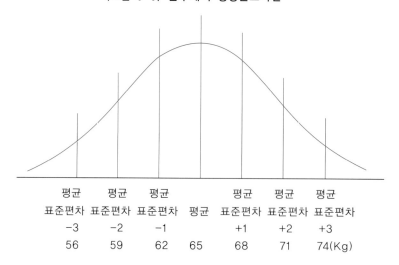

〈그림 9-5〉 몸무게의 정상분포곡선

| 평균 표준편차 -3 56 | 평균 표준편차 -2 59 | 평균 표준편차 -1 62 | 평균 65 | 평균 표준편차 +1 68 | 평균 표준편차 +2 71 | 평균 표준편차 +3 74(Kg) |

인의 99%는 56kg(65kg - 9kg)에서 74kg(65kg + 9kg) 사이에 속한다는 사실을 알 수 있다.

우리가 의사에게 자신의 몸무게가 정상인지 또는 비정상인지를 질문하면 의사는 정상 분포곡선을 사용하여 몸무게의 정상 여부를 판단한다. 일반적으로 평균값을 중심으로 표준편차 ±3까지는 정상이라고 본다. 따라서 한 사람의 몸무게가 58kg이고, 다른 사람의 몸무게가 72kg이라면 비록 14kg의 차이가 나지만 의사는 두 사람 모두 정상 몸무게를 가지고 있다고 판단한다. 그러나 만일 몸무게가 50kg이거나 85kg으로 표준편차 ±3 밖에 있다면 의사는 몸무게가 비정상적이라고 판단하여 치료를 하게 된다. 이 정상분포 곡선을 통해 우리는 자신이 모집단 내 어디에 속해 있는지를 판단할 수 있다.

2. 표준점수

연구자는 통계방법을 통해 변인의 특성을 기술하거나 변인 간의 관계를 분석한다. 그러나 변인 간의 관계를 비교 분석할 때 각 변인의 분포와 측정단위가 다르기 때문에 문제가 발생한다. 예를 들면, 무게는 kg으로, 길이는 cm로, 부피는 ℓ로 서로 다른 측정 단위를 사용하고, 이 변인의 분포(평균값과 표준편차)도 다르다. 몸무게 60kg과 키 175cm와의 관계를 어떻게 비교할 수 있겠는가? 이처럼 분포와 측정 단위가 다른 변인을 비교 분석하기 위해서는 원점수를 이용해서는 불가능하고, 각 점수의 제3의 점수인 표준점수(z-score)로 바꿔야 한다.

〈표 9-2〉 국어와 영어 성적의 분포

	국 어(점)	영 어(점)
원점수	90	75
평균값	93	73
표준편차	3	2
표준점수	-1.0	+1.0

〈표 9-3〉 표준점수 계산 공식

$$표준점수 = \frac{x(원점수) - \bar{x}(평균값)}{SD(표준편차)}$$

예를 들어보자. 〈표 9-2〉에서 보듯이 한 학생의 국어 성적이 90점이고, 영어 성적이 75점이라고 가정하자. 이 학생의 국어와 영어 성적 중 어느 점수가 더 높을까? 원점수만을 비교해 보면 국어 성적(90점)이 영어 성적(75점)보다 높은 것처럼 보인다. 그러나 원점수만을 갖고 어느 점수가 더 높은지를 판단하는 것은 불가능하다.

두 점수를 비교하기 위해서는 무엇보다 먼저 전체 학생의 국어 점수 분포 중 이 학생의 국어 점수가 차지하는 위치와 전체 학생의 영어 점수 중 이 학생의 영어 점수가 차지하는 위치를 알아야 한다. 각 점수의 위치를 보여주는 점수가 바로 표준점수이다.

〈표 9-3〉은 원점수를 표준점수로 바꾸는 계산 공식을 보여준다. 표준점수는 원점수에서 평균값을 뺀 점수를 표준편차로 나누어서 구한다. 예를 들면, 국어 점수의 표준점수는 90점에서 평균값 93점을 뺀 점수 -3을 표준편차 3으로 나눈 값 -1이 된다. 즉, 이 학생의 국어 점수는 평균값보다 표준편차 1이 낮은 점수라는 것을 알 수 있다. 반면 영어 점수의 표준점수는 75점에서 평균값 73점을 뺀 점수 +2를 표준편차 2로 나눈 값 +1이 된다. 즉, 이 학생의 영어 점수는 평균값보다 표준편차 1이 높은 점수라는 것을 알 수 있다.

원점수만을 가지고 판단하면 국어 점수가 영어 점수보다 높아 보이지만 표준점수로 바꾸면 영어 점수가 국어 점수보다 높다는 것을 알 수 있다. 이처럼 표준점수는 분포와 측정 단위가 다른 점수들 간의 위치 점수를 보여줌으로써 점수들 간의 상호비교를 가능하게 한다.

3. 표준 정상분포곡선

앞에서 살펴봤듯이, 분포와 측정 단위가 다른 변인 간의 관계를 분석하거나 비교하기 위해 원점수를 표준점수로 변환하여 사용한다. 이 표준점수를 이용하여 만들어진 것이 표준 정상분포곡선이다. 〈그림 9-6〉에서 보듯이 통계학자들은 평균값이 '0'이고, 표준편차가 '1'인 표준 정상분포곡선을 만들어 사용한다. 표준 정상분포곡선은 정상분포곡선과 똑같은 특징을 가진다. 두 곡선 간의 차이는 정상분포곡선은 원점수를 이용한 분포곡선이고, 표준 정상분포곡선은 원점수를 표준점수로 바꾸어 만든 분포곡선이라는 것이다.

〈그림 9-6〉 표준 정상분포곡선

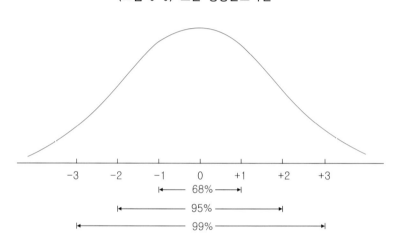

4. 가설검증

가설이란 변인 간의 관계를 검증하기 위한 연구자의 주장을 말한다. 예를 들면, '어린이가 폭력적인 영화에 노출을 많이 하면 할수록 공격적 성향이 증가할 것이다'라든지, '교육은 텔레비전 시청량에 영향을 미칠 것이다'와 같은 주장은 아직 검증되지 않은 가설이다.

1) 가설의 종류: 연구가설(H_1)과 영가설(H_0)

가설에는 H_1, H_2, H_3 등으로 표시하는 연구가설과 H_0으로 표시하는 영가설 두 가지가 있다(H는 영어 Hypothesis의 머리글자를 딴 약자이다). 연구가설이란 연구자가 검증하고 싶어 하는 주장이다. 영가설이란 연구가설의 반대명제를 말한다. 예를 들어 '광고를 많이 보는 사람과 광고를 적게 보는 사람 사이에는 소비 패턴에 차이가 있을 것이다'라는 연구가설이 있다고 가정할 때, 영가설은 '광고를 많이 보는 사람과 광고를 적게 보는 사람 사이에는 소비 패턴에 차이가 없을 것이다'이다.

일반적으로 연구가설은 '무엇과 무엇과는 관계가 있다', '무엇이 무엇에게 영향을 미친다', '무엇을 하면 무엇이 나타날 것이다'라는 식으로 표현된다. 반대로 영가설은 '무엇과 무엇과는 관계가 없다', '무엇이 무엇에게 영향을 미치지 않는다', '무엇을 해도 무엇이 나타나지 않을 것이다'라는 식으로 표현된다.

2) 가설검증 방법

'까마귀는 까맣다'라는 가설을 검증해보자. 우리는 일반적으로 '까마귀는 까맣다'라는 가설을 증명하기 위해서는 먼저 까마귀를 잡고, 잡은 까마귀의 색깔을 조사한 후, 만일 까마귀의 색깔이 전부 까맣다면, '까마귀는 까맣다'라는 결론을 내릴 것이다.

그러나 과학적 연구에서 가설은 이와 같은 방법으로 검증하지 않는다. 과학적 연구에서 연구자는 연구가설을 직접 검증하지 않고, 연구가설의 반대 명제인 영가설을 검증하고, 이를 통해 연구가설을 간접적으로 증명하는 약간 복잡한 절차를 거친다. 왜 연구가설을 간접적으로 검증하는 것일까?

과학의 목적은 시간과 공간을 초월한 법칙을 발견하는 것이다. 따라서 '까마귀는 까맣다'라는 연구가설을 검증하기 위해서는 시간을 초월하여 과거에 살던 까마귀, 현재에 살고 있는 까마귀, 미래에 살 까마귀를 다 잡아야 한다. 뿐만 아니라 공간을 초월하여 한국에 살고 있는 까마귀, 일본에 살고 있는 까마귀, 미국에 살고 있는 까마귀 등 전 세계에 살고 있는 까마귀를 다 잡아야 한다. 이러한 일은 불가능하다. 이처럼 연구자는 연구가설을 직접적으로 증명할 수 있는 방법이 없기 때문에 어쩔 수 없이 연구가설의 반대 명제인 '까마귀는 까맣지 않다'라는 영가설을 내세우고 간접적으로 연구가설을 검증한다. 까마귀의 표본을 선정하고 이를 잡은 후 색깔을 검사하여 만일 모든 까마귀가 까맣다면, 연구자는 '현재까지 연구결과로 볼 때 까마귀는 까맣다라는 연구가설을 부정할 만한 증거를 발견하지 못했다'라는 잠정적 결론을 내린다. 만일 다른 연구에서 까맣지 않은 까마귀를 발견했다면, '까마귀는 까맣다'라는 연구가설을 부정하게 된다. 이처럼 과학적 연구결과는 잠정적 진실로서 항상 진실의 여부를 검증받는다.

3) 유의도 수준

가설을 검증할 때 가설을 사실로서 받아들이거나 거부하는 기준이 필요하다. 예를 들어 연구자가 '우리나라 남성과 여성의 하루 평균 텔레비전 시청량에는 차이가 있을 것이다'라는 연구가설을 제시하고 표본을 대상으로 조사를 했다고 가정하자. 연구자는 이 연구가설을 검증하기 위해, '우리나라 남성과 여성의 하루 평균 텔레비전 시청량에는 차이가 없을 것이다'라는 영가설을 제시하고, 여성과 남성의 시청량을 비교한다. 조사결과 남성의 일일 평균 텔레비전 시청량은 2시간, 여성은 3시간으로 나타났다. 이 결과를 가지고 연구가설의 진위 여부를 판단하기 위해서 어떤 기준이 필요한데, 이 기준을 유의도 수준이라고 한다. 즉, 연구자는 자신이 정한 유의도 수준에 따라 연구가설을 받아들일 수도 있고, 거부할 수도 있다. 유의도 수준에 대한 기준은 연구자마다 다를 수 있어 혼란이 발생할 수 있기 때문에 통계학자들은 최소한 과학적 연구가 되기 위해서는 유의도 수준 0.05, 또는 0.01을 충족시켜야 한다는 기준을 마련했다.

유의도 수준을 표시할 때는 영어 소문자 p를 사용한다(p는 probability의 머리 글자를 딴 약자이다). 유의도 수준이 $p < 0.05$란 100개의 연구를 했는데 95개(95%)는 제대로 된 결론을 내리고, 5개(5%)는 연구자가 실수하여 잘못된 결론을 내리는 것을 말하며, 유의도 수준이 $p < 0.01$이란 0.05 수준보다 기준이 더 엄격하여 100개의 연구를 할 경우 99개(99%)는 제대로 된 결론을 내리고, 1개(1%)는 연구자가 잘못된 결론을 내리는 것을 말한다. 이 정도라면 매우 신뢰할 만한 과학적 연구결과라는 것이다.

〈그림 9-7〉 유의도 수준

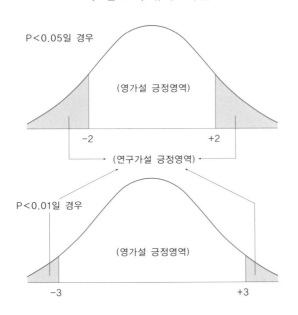

〈그림 9-7〉에서 보듯이 연구자가 유의도 수준을 0.05%로 정한 경우, 5%에 해당하는 빗금 친 부분에 통계 값이 속해 있으면 영가설을 거부하게 된다(달리 말하면 연구가설을 받아들인다). 이 영역은 연구가설을 받아들이는 영역이기 때문에 '연구가설 긍정영역' 또는 '영가설 부정영역'이라고 부른다.

반대로 95%에 해당하는 빗금 치지 않은 부분에 통계 값이 속해 있으면 영가설을 긍정하게 된다(달리 말하면 연구가설을 거부한다). 이 영역은 연구가설을 받아들이지 않는 영역이기 때문에 '영가설 긍정영역' 또는 '연구가설 부정영역'이라고 부른다.

〈그림 9-7〉의 아래 그림처럼 연구자가 유의도 수준을 0.01로 정한 경우에도 해석은 앞에서 설명한 유의도 수준 0.05와 같다. 단지 유의도 수준 0.05에 비해 '연구가설 긍정영역' 또는 '영가설 부정영역'의 크기가 줄어들었고, '영가설 긍정영역' 또는 '연구가설 부정영역'의 크기가 커졌다.

유의도 수준 0.01은 0.05에 비해 연구가설을 받아들이는 데 더 엄격하다는 것을 알 수 있다. 그러나 유의도 수준 0.01이 0.05에 비해 기준이 더 엄격하다 하더라도 더 바람직한 것은 아니다. 그 이유를 제1종 오류와 제2종 오류를 통해 살펴보자.

5. 제1종 오류와 제2종 오류

연구자가 연구를 수행할 때 실수를 하지 않으면 가장 바람직하겠지만, 어쩔 수 없이 실수를 하게 되는 경우가 있다. 연구자가 범하는 실수는 두 가지로 제1종 오류(Type I error, 또는 α error)와 제2종 오류(Type II error, 또는 β error)가 있다.

제1종 오류와 제2종 오류란 무엇인지 살펴보자.

〈표 9-4〉에서 보듯이 사실 세계에서 영가설은 진실인 경우와 허위인 경우 두 가지로 나누어 볼 수 있다. 연구자는 사실 세계의 진실을 알 수 없고, 과학적 방법을 통해 판단한다. 연구자가 판단하는 경우 영가설을 진실이라고 판단하는 경우와 영가설이 허위라고 판단하는 경우 두 가지로 나누어 볼 수 있다.

제1종 오류란 영가설이 진실임에도 불구하고 영가설을 진실로 판단하지 않고 허위로 판단하는 경우를 말한다. 제2종 오류란 영가설이 허위임에도 불구하고 영가설을 허위로 판단하지 않고, 진실로 판단하는 경우를 말한다.

구체적인 예로 '까마귀는 까맣다'라는 연구가설을 통해 제1종 오류와 제2종 오류의 차이를 살펴보자.

'까마귀는 까맣다'라는 연구가설이 허위인 경우, 연구자는 연구가설을 진실로 판단할 수도 있고, 허위로 판단할 수도 있다. 연구가설이 허위일 때 연구자가 연구가설을 허위

<표 9-4> 제1종 오류와 제2종 오류

연구자 판단 사실 세계	H_0을 진실로 판단함	H_0을 허위로 판단함
H_0이 진실인 경우	제대로 된 연구	제1종 오류 (Type I 오류, 또는 α 오류)
H_0이 허위인 경우	제2종 오류 (Iype II 오류, 또는 β 오류)	제대로 된 연구

<표 9-5> 유의도 수준의 의미

$p < 0.05$: 100개의 연구 중 5개가 Type I 오류를 범할 수 있다
$p < 0.01$: 100개의 연구 중 1개가 Type I 오류를 범할 수 있다

로 판단하면 제대로 연구를 한 것으로 문제가 없다. 즉, '까마귀는 까맣지 않다'라는 결론은 진실을 제대로 밝힌 것이다. 그러나 연구가설이 허위임에도 불구하고(즉, 까마귀는 까맣지 않음에도 불구하고) 연구자가 연구가설을 진실이라고 잘못 판단하여 '까마귀는 까맣다'라는 결론을 내리면 연구자는 제1종 오류를 범하게 된다.

반면 연구가설이 진실인 경우, 연구자는 연구가설을 진실로 판단할 수도 있고, 허위로 판단할 수도 있다. 연구가설이 진실일 때 연구자가 연구가설을 진실로 판단하면 제대로 연구를 한 것이다. 즉, '까마귀는 까맣다'라는 결론을 내리면 제대로 연구를 한 것으로 문제가 없다. 그러나 연구가설이 진실임에도 불구하고 연구자가 연구가설을 허위라고 잘못 판단하여 '까마귀는 까맣지 않다'라는 결론을 내리면 연구자는 제2종 오류를 범 하게 된다.

제1종 오류와 제2종 오류 중 어느 오류가 더 심각한가? 제1종 오류의 경우, 까마귀는 까맣지 않음에도 불구하고 연구자는 '까마귀는 까맣다'라는 결론을 내리게 된다. 연구자는 새로운 사실을 발견한 것으로 착각하여 결과를 발표하여 사람을 오도하거나 진실을 발견한 것이라 믿기 때문에 그 연구를 다시 하지 않을지 모른다. 제2종 오류의 경우, 까마귀는 까만데도 불구하고 연구자는 '까마귀는 까맣지 않다'라는 결론을 내리게 된다. 연구자는 새로운 사실을 발견하지 못했다고 착각했기 때문에 발표를 하지 않을 것이고, 진실을 발견하지 못했다고 믿기 때문에 그 연구를 다시 할 것이다. 따라서 제1종 오류가 제2종 오류보다 심각한 문제이다.

우리는 앞의 예를 통해 제1종 오류가 제2종 오류보다 훨씬 더 심각하다는 것을 알 수 있다. 통계학자는 가능하면 제1종 오류를 줄이기 위해 고심한다. 따라서 연구자가

임의대로 결론을 내리는 것을 막기 위해 최소한 'p < 0.05 수준' 또는 'p < 0.01 수준'으로 유의도 수준의 기준을 설정한 것이다.

〈표 9-5〉에서 보듯이 유의도 검증에서 p < 0.05란 100개의 연구 중 95개(95%)는 제대로 된 결론을 내리고 나머지 5개(5%)는 잘못된 결론을 내리는 것을 의미하는데, 즉 100개의 연구를 할 경우 그 중 제1종 오류를 5개(5%) 미만으로 범하면 표본의 연구결과를 모집단의 연구결과로 받아들일 수 있다는 것이다. 좀더 정확하게 이야기하자면 5개(5%)의 잘못된 결론이란 제1종 오류, 허위를 진실로 판단하는 오류의 가능성이 5% 존재한다는 것을 의미한다. 이런 이유로 인해 p < 0.05 수준은 α < 0.05 수준과 같은 말이다. p < 0.01도 이와 마찬가지로 해석하면 되며, p < 0.01 수준도 α < 0.01 수준을 의미한다.

연구자는 제1종 오류가 위험하므로 가능하면 α 수준을 낮추면(예를 들면, p < 0.001) 심각한 오류를 줄일 수 있다고 생각할지 모른다. 물론 p < 0.001로 줄이면 제1종 오류를 줄일 수 있다. 극단적 예를 들어보면, p < 0.00000으로 줄이면 모든 연구가설은 진실로 받아들여지지 않으므로 제1종 오류를 범하지 않게 된다. 그러나 제1종 오류와 제2종 오류는 반비례 관계이기 때문에 문제의 해결이 쉽지 않다. 즉, 제1종 오류를 줄이면 줄일수록 제2종 오류가 증가하는 경향이 있고, 반대로 제1종 오류가 증가하면 할수록 제2종 오류는 감소하는 경향이 있다. 따라서 유의도 수준을 낮추면 제1종 오류를 줄일 수 있는 반면에 제2종 오류는 증가하게 된다.

연구의 오류는 제1종 오류든 제2종 오류든 가능하면 피해야 한다. 따라서 통계학자들은 제1종 오류와 제2종 오류 양자를 적정 수준에서 줄일 수 있는 기준으로 유의도 수준으로 0.05와 0.01을 권장한다.

6. 추리통계방법 선정기준

독자들이 통계방법을 공부할 때 가장 어려워하는 부분이 추리통계방법이다. 개별 추리통계방법을 이해하기 쉽지 않기 때문이다. 그러나 개별 추리통계방법을 선정하는 기준을 이해하면 어느 정도 혼란을 줄일 수 있다. 먼저 추리통계방법을 선정하는 기준으로 변인의 종류와 측정을 살펴본 후, 모수통계방법과 비모수통계방법을 결정하는 전제 조건을 알아보자. 개별 추리통계방법에 대한 설명은 해당 장에서 자세히 설명한다.

1) 변인의 종류와 측정

연구가설을 검증하기 위해 적합한 추리통계방법을 선정하는 기준은 크게 변인의 종류(독립변인과 종속변인)와 측정(명명척도, 서열척도, 등간척도, 비율척도) 두 가지이다.

〈표 9-6〉은 변인의 종류와 측정 두 가지 기준에 따라 이에 적합한 추리통계방법을 보여준다. 〈표 9-6〉의 열에서 보듯이 변인은 그 역할에 따라 원인인 독립변인과 결과인 종속변인으로 구분할 수 있다. 또한 독립변인은 명명척도, 또는 등간척도와 비율척도(서열척도도 가능)로 측정될 수 있다. 행에서 보듯이 종속변인도 명명척도 또는 등간척도와 비율척도(서열척도도 가능)로 측정될 수 있다. 이 두 개의 기준에 따라 개별 추리통계방법이 결정된다. 각 셀의 조건과 이에 해당하는 통계방법을 살펴보자.

① 독립변인이 명명척도로 측정되어 있고, 종속변인도 명명척도로 측정되어 있다면, 연구자는 문항 간 교차비교분석(χ^2 analysis)을 사용하여 연구가설을 검증하면 된다. 문항 간 교차비교분석은 대표적인 비모수통계방법이다.

② 독립변인이 명명척도로 측정되어 있고, 종속변인은 등간척도와 비율척도(서열척도도 가능)로 측정되어 있다면, 연구자는 t 검증(t-test)이나 ANOVA(analysis of variance), 가변인 회귀분석(dummy variable regression analysis)을 사용하여 연구가설을 검증하면 된다. t 검증과 ANOVA, 가변인 회귀분석은 모수통계방법이다.

③ 독립변인이 등간척도와 비율척도(서열척도도 가능)로 측정되어 있고, 종속변인도 등간척도와 비율척도(서열척도도 가능)로 측정되어 있다면, 연구자는 회귀분석(Regression analysis)이나 통로분석(Path analysis), LISREL(Linear Structural Equation Model)을 사용하여 연구가설을 검증하면 된다. 회귀분석과 통로분석, LISREL은 모수통계방법이다.

④ 독립변인이 등간척도와 비율척도(서열척도도 가능)로 측정되어 있고, 종속변인은 명명척도로 측정되어 있다면, 연구자는 판별분석을 사용하여 연구가설을 검증하면 된다. 판별분석은 모수통계방법이다.

〈표 9-6〉 추리통계방법 선정기준과 추리통계방법

		독립변인	
		명명척도	등간척도/비율척도 (서열척도도 가능)
종속변인	명명척도	① 문항 간 교차비교분석(χ^2) (비모수통계방법)	④ 판별분석 (모수통계방법)
	등간척도/비율척도 (서열척도도 가능)	② t 검증, ANOVA, 가변인 회귀분석 (모수통계방법)	③ 회귀분석, 통로분석. LISREL (모수통계방법)

2) 모수통계방법과 비모수통계방법 선정기준

〈표 9-6〉에서 살펴봤듯이, 연구자는 먼저 변인의 종류와 측정에 따라 그에 적합한 추리통계방법을 선택하면 된다. 그러나 연구자가 모수통계방법을 선택했을 경우에도 데이터가 개별 추리통계의 전제조건을 충족하는지를 판단해야 한다. 데이터가 개별 추리통계의 전제조건을 충족할 경우 모수통계방법을 그대로 사용할 수 있지만, 조건을 충족하지 못할 경우에는 반드시 비모수통계방법을 사용해야 한다.

모수통계방법을 선택하는 기준은 크게 세 가지이다.

첫째, 기준은 분포의 정상성(*normality*)으로 변인이 정상적으로 분포되어 있어야 한다는 것이다. 앞에서 살펴봤듯이, 표준 정상분포곡선일 경우 평균값을 중심으로 표준편차 ±1 사이에 사례 수의 68%가 속해 있고, 표준편차 ±2 사이에 사례 수의 95%가 속해 있으며, 표준편차 ±3 사이에는 사례 수의 99%가 속해 있기 때문에 모집단의 점수를 예측할 수 있다. 따라서 변인이 정상적으로 분포되어 있을 경우에는 모수통계방법을 사용하고 그렇지 않은 경우에는 비모수통계방법을 사용해야 한다.

둘째, 기준은 변량의 동질성(*homogeneity of variance*)으로 각 집단의 오차변량이 비슷해야 한다. 왜냐하면 변량은 집단의 동질성을 측정하는 값으로서 변량이 다르면 다른 집단이기 때문에 비교하는 것이 어렵기 때문이다. 따라서 집단의 오차변량이 비슷한 경우에는 모수통계방법을 사용하고 이 조건을 충족하지 못한 경우에는 비모수통계방법을 사용해야 한다.

셋째, 기준은 변인의 측정방법으로 변인이 등간척도(또는 비율척도)로 측정되어야 한다. 등간척도(또는 비율척도)로 측정된 경우에는 변량을 계산할 수 있기 때문에 모수통계방법을 사용할 수 있지만, 변인이 명명척도로 측정이 되었을 경우에는 변량을 계산할 수 없기 때문에(좀더 정확하게 말하자면, 변인이 명명척도로 측정되었을 경우 변량을 계산해도 의미가 없기 때문에) 비모수통계방법을 사용해야 한다.

참고문헌

오택섭·최현철 (2003), 《사회과학 데이터 분석법 ①》, 나남.
최현철·김광수 (1999), 《미디어연구방법》, 한국방송대학교 출판부.

Kerlinger, F. N. (1973), *Foundations of Behavioral Research* (2nd ed.), New York: Holt, Rinehart and Winston.
Nie, N. H. et al. (1975), *SPSS: Statistical Package for the Social Sciences* (2nd ed.), New York: McGraw-Hill Book Company.
Norusis, M. J. (2000), *SPSS 10.0 Guide to Data Analysis* (Book and Disk ed.), Prentice Hall.
Pallant, J. (2001), *SPSS Survival Manual: A Step By Step Guide to Data Analysis Using SPSS for Windows* (Version 10) (1st ed.), Open Univ Pr.
Pedhazur, E. J., & Schmelkin, L. (1991), *Measurement, Design, and Analysis: An Integrated Approach* (Student ed.), Lawrence Erlbaum Associates.

연습문제

주관식

1. 정상분포곡선(*normal distribution curve*)의 다섯 가지 특징을 설명해 보시오.

2. 표준점수(*Z-score*)의 의미를 설명하시오.

3. 연구가설과 영가설을 비교해 설명해 보시오.

4. 유의도 수준(*significance level*)을 설명하시오.

5. 제1종 오류(*type I error*)과 제2종 오류(*type II error*)를 비교해 설명해 보시오.

객관식

1. "정상분포곡선에서 표준편차 ±1 사이에는 전체 사례 수의 (   )%가 속해 있고, 표준 편차 ±2 사이에는 전체 사례 수의 (   )%가 속해 있다"에서 (   )에 들어갈 숫자가 맞게 짝지어진 것을 고르시오.
   ① 95, 99
   ② 68. 99
   ③ 68, 95
   ④ 75, 95

2. 정상분포곡선에 대한 설명 중 맞는 것을 고르시오.
   ① 봉우리가 두 개이다
   ② 평균값과 중앙값은 같지만 최빈값은 다르다
   ③ 전체 면적은 1 또는 100%이다
   ④ 표준편차 ±3 사이에 전체 사례 수의 95%가 속해 있다

3. 표준점수에 대한 설명 중 틀린 것을 고르시오.

　① 각 변인의 분포가 다르기 때문에 표준점수가 필요하다

　② 각 변인의 측정단위가 다르기 때문에 표준점수가 필요하다

　③ 표준점수는 비교할 수 있다

　④ 표준점수는 비교할 수 없다

4. 가설에 대한 설명 중 설명 중 맞는 것을 고르시오.

　① 연구가설을 직접적으로 검증할 수 있다

　② 연구가설은 "A와 B는 관계가 없다"고 쓴다

　③ 영가설은 "A는 B에게 영향을 주지 않는다"고 쓴다

　④ 영가설은 직접적으로 검증할 수 없다

5. 유의도 수준에 대한 설명 중 틀린 것을 고르시오.

　① 유의도 수준은 가설의 수용 또는 거부와 관계가 없다

　② 유의도 수준은 가설을 수용 또는 거부하는 기준이 된다

　③ 유의도 수준이 $p < 0.01$이란 100개의 연구를 할 경우 99개는 제대로 된 결론을 내리지만, 1개는 잘못된 결론을 내릴 수 있다는 의미이다

　④ 유의도 수준이 $p < 0.05$란 100개의 연구를 할 경우 95개는 제대로 된 결론을 내리지만, 5개는 잘못된 결론을 내릴 수 있다는 의미이다

6. 연구가설이 허위지만 연구자가 잘못 판단하여 연구가설을 진실이라고 받아들일 때, 연구자가 실수하는 오류를 고르시오.

　① 제 1종 오류

　② 제 2종 오류

　③ 제 3종 오류

　④ 제 4종 오류

해답: p. 262

문항 간 교차비교분석(χ^2 *analysis*) • 10

이 장에서는 연구자가 명명척도로 측정한 변인 간의 인과관계(또는 상호관계)를 분석하는 대표적인 비모수통계방법(*non-parametric statistical method*)인 문항 간 교차비교분석(χ^2 *analysis*)을 살펴본다.

1. 정 의

문항 간 교차비교분석은 χ^2(카이제곱, 이하 χ^2) 분석이라고 부른다. 〈표 10-1〉에서 보듯이 χ^2 분석은 변인의 측정에 관계없이 사용할 수 있는 통계방법이지만, 일반적으로 명명척도로 측정한 변인 간의 인과관계(또는 상호관계)를 분석할 때 사용하는 방법이라고 생각하면 된다. χ^2 분석은 대표적인 비모수통계방법(*non-parametric statistical method*)이다. 비모수통계방법은 변인이 명명척도로 측정되어서 정상분포가 아니거나, 등간척도나 비율척도로 측정을 해도 정상분포에서 크게 벗어난 변인 간의 인과관계(또는 상호관계)를 분석할 때 사용하는 통계방법이다.

χ^2 분석을 하기 위한 조건을 알아보자.

1) 변인의 측정

일반적으로 χ^2 분석에서 사용하는 변인은 명명척도로 측정된다. 예를 들면 〈성별〉(① 남성, ② 여성)이나 〈종교〉(① 기독교, ② 천주교, ③ 불교), 〈지역〉(① 서울과 수도권, ② 경기, ③ 충청, ④ 영남, ⑤ 호남, ⑥ 강원, ⑦ 제주), 〈선호미디어〉(① 텔레비전, ② 신문, ③

인터넷), 〈상품 구입처〉(① 백화점, ② 대형마트, ③ 재래시장) 등이 명명척도로 측정한 변인이다.

또는 명명척도는 아니지만 명명척도로 측정한 변인처럼 취급하는 변인도 있다. 예를 들면, 텔레비전의 〈드라마시청여부〉(① 예, ② 아니오)나 〈신문구독여부〉(① 예, ② 아니오), 〈스마트폰사용여부〉(① 예, ② 아니오) 등 서열척도나 등간척도, 비율척도로 측정할 수도 있지만 이처럼 두 개의 값(예, 아니오)으로 측정했을 경우 이 변인은 명명척도로 측정한 변인으로 간주한다.

χ^2 분석은 서열척도나 등간척도, 비율척도로 측정한 변인 간의 관계를 분석할 수 있다. 그러나 서열척도나 등간척도, 비율척도로 측정한 변인 간의 관계를 분석할 경우, χ^2 분석보다 더 적합한 통계방법(예를 들면, ANOVA나 회귀분석 등)이 있기 때문에 특수한 경우(예를 들면, 서열척도나 등간척도, 비율척도로 측정한 변인이 정상분포의 전제에서 심하게 벗어날 경우)를 제외하곤 거의 사용하지 않는다. 따라서 χ^2 분석에서 사용하는 변인은 명명척도로 측정한 변인이라고 생각해도 무방하다.

2) 변인의 수

χ^2 분석에서 사용하는 변인의 수는 (독립)변인 한 개, (종속)변인 한 개여야 한다. 즉, χ^2 분석에서 사용하는 변인의 수는 두 개다.

3) 변인 간의 관계 (인과관계, 또는 상호관계) 설정

χ^2 분석은 명명척도로 측정한 변인 간의 인과관계나 상호관계를 분석한다. 변인 간의 인과관계 분석이란 명명척도로 측정한 변인을 독립변인과 종속변인으로 구분하여 독립변인이 종속변인에게 미치는 영향을 분석하는 것을 말한다. 예를 들어 연구자가 〈성별〉(① 남성, ② 여성)과 〈선호미디어〉(① 텔레비전, ② 신문) 간의 관계를 분석한다면 〈성별〉을 독립변인으로, 〈선호미디어〉를 종속변인으로 설정하여 〈성별이 선호미디어에 영향을 준다〉(또는 〈성별에 따라 선호미디어에 차이가 난다〉)는 인과관계 연구가설을 검증하는 것이다.

변인 간의 상호관계 분석이란 명명척도로 측정된 변인을 독립변인과 종속변인으로 구분하지 않고, 두 변인 간의 관계를 분석하는 것을 의미한다. 예를 들어 연구자가 〈성별〉과 〈선호미디어〉 간의 관계를 분석한다면 〈성별과 선호미디어 간의 관계가 있다〉는 상호관계 연구가설을 검증하는 것이다.

같은 변인이라도 변인 간의 관계를 어떻게 설정하느냐에 인과관계 분석이 되기도 하고,

<표 10-1> χ^2 분석의 조건

```
1. 인과관계를 분석할 때
    1) 독립변인
        (1) 측정: 명명척도(서열척도, 등간척도, 비율척도도 가능)
        (2) 수: 한 개

    2) 종속변인
        (1) 측정: 명명척도(서열척도, 등간척도, 비율척도도 가능)
        (2) 수: 한 개

2. 상호관계를 분석할 때
    1) 독립변인과 종속변인으로 구별하지 않는다
    2) 변인의 측정과 수의 조건은 인과관계를 분석할 때와 같다
```

상호관계 분석이 되기도 한다. 예를 들어 연구자가 〈지역〉(① 수도권, ② 영남, ③ 호남)과 〈선호종교〉(① 기독교, ② 천주교, ③ 불교) 간의 관계를 분석한다고 가정하자. 연구자는 〈지역이 선호 종교에 영향을 준다〉는 인과관계 연구가설을 만들어 분석할 수 있고, 〈지역과 선호 종교 간에 관계가 있다〉는 상호관계 연구가설을 만들어 분석할 수 있다.

2. 연구절차

χ^2 분석의 연구절차는 〈표 10-2〉에서 제시된 것처럼, 다섯 단계로 이루어진다.

첫째, χ^2 분석에 적합한 연구가설을 만든다. 변인의 측정과 수, 관계 설정(인과관계 또는 상호관계)에 유의하여 연구가설을 만든 후 유의도 수준($p < 0.05$, 또는 $p < 0.01$)을 정한다.

둘째, 데이터를 수집하여 입력한 후 SPSS/PC$^+$(20.0)의 χ^2 분석을 실행하여 결과를 얻는다.

셋째, 결과 분석의 첫 번째 단계로 전제를 검증한다. 표본이 독립표본인지, 기대빈도 값이 '5' 미만인 경우가 20% 미만인지를 살펴본다.

넷째, 결과 분석의 두 번째 단계로 유의도를 검증한다. χ^2 분석표와 χ^2 값, 자유도, 유의확률 값을 통해 연구가설의 수용 여부를 판단한다.

다섯째, 결과 분석의 세 번째 단계로 상관관계 값을 해석한다. 변인 간의 상관관계 값인 람다(λ) 값으로 변인 간의 밀접성 정도를 판단한다.

<표 10-2> χ^2 분석의 연구절차

1. 연구가설 제시
   1) 명명척도로 측정한 두 변인 간의 관계(인과관계, 또는 상호관계)를 연구
      가설로 제시한다
   2) 유의도 수준을 정한다 ($p < 0.05$ 또는 $p < 0.01$)

⬇

2. 데이터 입력과 프로그램 실행
   1) 데이터를 수집하여 입력한다
   2) χ^2 분석을 실행하여 분석에 필요한 결과를 얻는다

⬇

3. 결과 분석 1: 전제 검증
   1) 독립표본
   2) 기대빈도 값이 '5'이상

⬇

4. 결과 분석 2: 유의도 검증

⬇

5. 결과 분석 3: 상관관계 값(λ, *lambda*) 해석

3. 연구가설과 가상 데이터

1) 연구가설

(1) 연구가설

χ^2 분석의 연구가설은 <표 10-1>에서 살펴본 변인의 측정과 수의 조건을 충족한다면 무엇이든 가능하다. 이 장에서는 독립변인 <성별>과 종속변인 <선호미디어> 간의 인과관계가 있는지를 검증한다고 가정한다. 연구가설은 <성별이 선호미디어에 영향을 준다> (또는 <성별에 따라 선호미디어에 차이가 나타난다>) 이다.

(2) 변인의 측정과 수

독립변인은 <성별> 한 개이고, ① 남성, ② 여성으로 측정한다. 종속변인은 <선호미디어> 한 개이고, ① 텔레비전, ② 신문으로 측정한다.

(3) 유의도 수준

연구를 시작하기 전에 먼저 유의도 수준을 결정한다(유의도 수준은 연구결과에 따라 결정되는 것이 아님). 연구자는 유의도 수준을 $p < 0.05 (\alpha < 0.05)$로 정한다[또는 $p < 0.01$ $(\alpha < 0.01)$로 정해도 된다]. 결과에 제시된 유의확률 값이 0.05보다 작게 나타나면(예를 들면, 0.04, 0.03, 0.02, 0.01 … 등) 연구가설을 받아들이고, 0.05보다 크게 나타나면 (예를 들면, 0.06, 0.07, 0.08, 0.09 … 등) 영가설을 받아들이다.

2) 가상 데이터

이 장에서 분석하는 〈표 10-3〉의 데이터는 필자가 임의적으로 만든 것으로 표본의 수 (20명)가 적고, 결과가 꽤 잘 나오게 만들었다(이 데이터를 사용하여 χ^2 분석 프로그램을 실행해 보기 바란다). 그러나 실제 연구에서는 표본의 수가 훨씬 많고, 이 장에서 제시하는 결과만큼 깔끔하게 나오지 않을 수 있다.

〈표 10-3〉 가상 데이터

응답자	성별	선호미디어	응답자	성별	선호미디어
1	1	2	11	2	2
2	1	1	12	2	1
3	1	2	13	2	1
4	1	2	14	2	1
5	1	2	15	2	1
6	1	1	16	2	1
7	1	2	17	2	1
8	1	1	18	2	2
9	1	2	19	2	1
10	1	2	20	2	1

4. SPSS/PC⁺ 실행방법

[실행방법 1]

메뉴판의 [분석(A)]을 선택하여 [기술통계량(E)]을 클릭하고 [교차분석(C)]을 클릭한다.

[실행방법 2]

[교차분석]창이 나타나면, 분석하고자 하는 변인을 왼쪽에서 오른쪽으로 옮긴다(➡). 독립변인인 〈성별〉을 [열(C)]로 옮기고, 종속변인인 〈선호미디어〉를 [행(O)]으로 옮긴다.

[실행방법 3]

[실행방법 2]의 [교차분석]창의 오른쪽 [통계량(S)]을 클릭한다. [교차분석: 통계량]이라는 새로운 창이 나타난다. [☑ 카이제곱(H)]과 [☑ 람다(L)]을 선택한 후, 아래 [계속]을 클릭한다.

134

[실행방법 4]

[실행방법 2]의 [교차분석]창으로 다시 돌아가면 오른쪽의 [셀(E)]을 클릭한다. [교차분석: 셀 출력]이라는 새로운 창이 나타나면, [빈도]의 [☑ 관측빈도(O)]는 기본으로 설정되어 있고, [퍼센트]의 [☑ 열(C)]을 클릭한다. [정수가 아닌 가중값]의 [◉셀 수 반올림(N)]은 기본으로 설정되어 있다. [계속]을 클릭하면 [실행방법 2]로 되돌아간다. 아래쪽의 [확인]을 클릭한다.

[분석결과 1]

분석결과가 새로운 창에 *출력결과1[문서1]로 나타난다. 분석에 사용된 사례 수를 보여주는 [케이스 처리 요약] 표가 제시된다. 다음으로 〈성별〉에 따른 〈선호미디어〉의 차이를 비교하는 교차표가 나타난다. [실행방법 4]에서 선택한 [관측빈도], [기대빈도], [퍼센트(행)]이 제시된다.

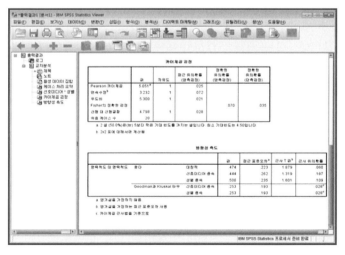

[분석결과 2]

[실행방법 3]에서 선택한 [카이제곱 검정]과 [람다]의 결과가 제시된다.

5. 결과 분석 1: 전제 검증

상당수의 연구자는 데이터를 분석할 때 통계방법의 전제를 검증하지 않는 경향이 있다. 전제를 검증하지 않고 데이터를 분석하면 잘못된 결과를 얻을 가능성이 매우 크기 때문에 반드시 전제를 검증해야 한다. 전제가 충족돼야만 비로소 결과를 신뢰할 수 있을 뿐 아니라 해석을 제대로 할 수 있다. 따라서 귀찮더라도 통계방법의 전제를 검증하는 습관을 들여야 한다. 개별 통계방법의 전제는 다르기 때문에 해당 장에서 살펴본다. χ^2 분석의 전제를 알아보자.

1) 독립표본

χ^2 분석의 표본은 독립표본(*independent sample*)이어야 한다. 독립표본이란 한 셀에 속한 사람이 다른 셀에 속하지 않도록 표본을 할당하는 것이다. 예를 들면, 남성 중 텔레비전을 선호한 사람은 〈남성-텔레비전〉 셀에만 속하고, 다른 셀(예를 들면 〈남성-신문〉 집단)에 속하지 않아야 한다. 독립표본이 아니라면 χ^2 분석을 할 수 없다.

2) 각 셀의 기대빈도 값은 '5' 이상

χ^2 분석의 유의도 검증이 제대로 이루어지기 위해서는 각 셀의 기대빈도(*expected frequency*)가 '5' 이상이어야 한다(기대빈도는 뒤에서 설명한다). 각 셀의 기대빈도가 '5' 미만인 경우에 유의도 검증이 제대로 이루어지 않을 수 있다. 특히 기대빈도가 '5' 미만인 셀의 비율이 20% 이상인 경우에는 유의도 검증에 문제가 발생할 수 있기 때문에 주의해야 한다.

기대빈도가 '5' 미만인 셀이 나타나는 이유는 변인의 유목(셀)의 수가 많거나, 각 유목에 속한 표본의 수가 적기 때문이다. 이 문제를 해결하기 위해서는 표본을 충분히 확보하여 각 셀의 기대빈도 값이 '5' 이상 되게 만들어야 한다. 변인의 유목의 수가 많아서 일부 셀에 해당하는 사람이 없을 때에는 성격이 유사한 유목을 합쳐서 소수의 유목으로 만들어 분석하는 것이 바람직하다. 예를 들어 연구자가 〈직업〉과 〈선호종교〉 간의 인과관계를 분석하기 위해 〈직업〉을 10개의 유목(학생, 공장근로자, 사무근로자, 사업가, 자영업자, 교수, 일반 공무원, 군인, 경찰, 전업주부)으로 측정하고, 〈선호종교〉도 10개의 유목(기독교, 천주교, 불교, 원불교, 천도교, 증산교, 대종교, 통일교, 이슬람교, 힌두교)으로 측정한다고 가정하자. 전체 셀의 수는 100개나 되기 때문에 표본의 수가 웬만큼 크지 않는다면 특정 셀에 속한 사람이 없는 경우가 발생하고, 각 셀의 기대빈도가 '5' 미만으로 나타날 가능성이 크다. 이때에는 〈직업〉의 10개 유목을 통합하여 5개의 유목(근로자, 사업가, 공무원, 학생, 전업주부 등)으로 줄이고 〈선호종교〉의 10개 유목을 통합하여 4개의 유목(기독교, 천주교, 불교, 토속종교 등)으로 묶어서 분석하는 것이 바람직하다.

위 가상 데이터의 예를 들면 〈표 10-5〉에서 보듯이 '5'보다 작은 기대빈도의 비율이 50.0%나 되기 때문에 연구가설의 유의도 검증을 할 때에 주의를 기울여야 한다.

6. 결과 분석 2: 유의도 검증

1) χ^2 분석표

χ^2 분석을 통해 연구가설의 유의도 검증을 실시하기 위해서는 〈표 10-4〉에서 제시된 χ^2 분석표를 만들어야 한다(SPSS/PC⁺ (20.0) χ^2 분석을 실행하면 자동적으로 χ^2 분석표를 제시해 주기 때문에 걱정할 필요 없다). χ^2 분석표는 각 변인의 해당 유목에 속한 사람이 몇 명인지, 비율은 얼마인지를 보여준다.

〈표 10-4〉의 χ^2 분석표를 살펴보면, 표본의 사례 수는 20명이고, 남성이 10명, 여성이 10명이다. 〈선호미디어〉를 조사한 결과, 남성 10명 중 3명(30%, 셀1)이 텔레비전을 선호한다고 대답했고, 나머지 7명(70%, 셀2)은 신문을 선호한다고 응답했다. 여성의 경우, 10명 중 8명(80%, 셀3)이 텔레비전을 선호한다고 대답했고, 나머지 2명(20%, 셀4)은 신문을 선호한다고 응답했다. 표본의 결과는 남성이 신문을 선호하는 반면 여성은 텔레비전을 선호한다는 것을 보여준다. 이 표본의 결과가 모집단에서도 나타나는지(또는 연구가설을 받아들일지)를 판단하기 위해 유의도 검증을 실시한다.

〈표 10-4〉 χ^2 분석표

		성별		전체
		남성	여성	
선호미디어	텔레비전	(셀1) 3명 (30.0%)	(셀3) 8명 (80.0%)	11명
	신문	(셀2) 7명 (70.0%)	(셀4) 2명 (20.0%)	9명
전체		10명 (100%)	10명 (100%)	20명

2) χ^2 분석표 작성 규칙

χ^2 분석표는 두 가지 규칙을 따라 만든다. 첫째, 독립변인과 종속변인의 구별이 있을 때에는 독립변인을 열(column, 가로축)에, 종속변인을 행(row, 세로축)에 제시한다. 독립변인〈성별〉은 열에, 종속변인〈선호미디어〉는 행에 제시하면 된다. 독립변인과 종속변인의 구별이 없을 때에는 연구자가 임의대로 제시한다.

둘째, 각 셀에는 열과 행의 조건에 해당하는 사람의 수(빈도)를 쓰고, 그 빈도의 비율을 제시한다. 비율은 열(독립변인)에서 행(종속변인) 방향으로, 즉, 위에서 아래로 계산한다. 〈표 10-4〉에서 보듯이 남성 중 텔레비전을 선호하는 사람은 셀1에 3명이고, 10명 중 3명이기 때문에 30%라고 쓰면 된다. 남성 중 신문을 선호하는 사람은 셀2에 7명이고, 10명 중 7명이기 때문에 70%이라고 쓴다. 셀3과 셀4도 같은 방식으로 쓰면 된다. 독립변인과 종속변인의 구분이 없을 경우에도 일반적으로 열(위)에서 행(아래) 방향으로 비율을 계산하여 제시한다.

3) 결과 해석

〈표 10-5〉에서 보듯이 χ^2 값(Pearson 카이제곱에 제시된 값)은 '5.051', 자유도는 '1'이고, 유의확률 값은 '0.025'이다. 유의확률 값 '0.025'는 연구자가 정한 $p < 0.05$보다 작기 때문에 〈성별이 선호미디어에 영향을 준다〉(또는 성별에 따라 선호미디어에 차이가 나타난다)는 연구가설을 받아들인다.

χ^2 분석을 하면 χ^2 값 이외에도 여러 개의 값(연속수정, 우도비, Fisher의 정확한 검증)을 제시하는데, 이 값들의 의미는 뒤에서 살펴본다.

〈표 10-5〉 χ^2 유의도 검증

	값	자유도	점근 유의확률 (양측검증)	정확한 유의확률 (양측검증)	정확한 유의확률 (단측검증)
Pearson 카이제곱	5.051*	1	0.025		
연속수정**	3.232	1	0.072		
우도비	5.300	1	0.021		
Fisher의 정확한 검증				0.070	0.035

* 2셀 (50.0%)은(는) 5보다 낮은 기대 빈도를 가지는 셀이며 최소 기대빈도는 4.50

** 2 × 2 표에 대해서만 계산됨

7. 유의도 검증의 기본 논리

1) χ^2 값 계산 방법과 의미

SPSS/PC$^+$(20.0) χ^2 분석 프로그램을 실행하면 〈표 10-5〉의 결과가 제시되기 때문에 독자는 계산에 신경 쓰지 않아도 된다. 그러나 상당수 독자가 통계 공식에 대해 가진 불필요한 공포심을 줄이기 위해 χ^2 값을 직접 손으로 계산해 보자. 이 책은 가급적 공식에 의존하지 않고 통계방법을 설명하는 것이 목표이기 때문에 이 장을 제외한 다른 장에서는 꼭 필요한 경우가 아니면 공식을 제시하지 않는다. 공식을 제시하는 것이 불가피한 경우에는 수학을 잘 모르는 사람도 쉽게 이해할 수 있는 범위 내에서 제시한다.

(1) 공식

χ^2 값을 계산하는 공식은 〈표 10-6〉에 제시되어 있다.

이 공식에서 'O'는 관측빈도(*Observed Frequency*의 첫 글자를 따서 'O'로 표기함)를, 'E'는 기대빈도(*expected frequency*의 첫 글자를 따서 'E'로 표기함)를 의미한다. Σ(시그마)는 각 셀의 값을 더하라는 말이다(즉, 셀1 값 + 셀2 값 + 셀3 값 + 셀4 값).

공식에서 보듯이 χ^2 값은 각 셀의 관측빈도('O')와 기대빈도('E') 간의 차이를 제곱한 값을 각 셀의 기대빈도('E')로 나눈 값을 더하면 된다.

〈표 10-6〉 χ^2 값 공식

$$\chi^2 = \Sigma \frac{(O - E)^2}{E}$$

(2) 각 셀의 관측빈도

관측빈도 'O'는 표본의 사례 중 각 셀에 해당하는 사람의 수이기 때문에 쉽게 알 수 있다. 셀1의 관측빈도는 남성 10명 중 텔레비전을 선호한 사람 3명이고, 셀2의 관측빈도는 남성 10명 중 신문을 선호한 사람 7명이다. 셀3의 관측빈도는 여성 10명 중 텔레비전을 선호한 사람 8명이고, 셀4의 관측빈도는 여성 10명 중 신문을 선호한 사람 2명이다.

(3) 각 셀의 기대빈도

각 셀의 기대빈도는 〈표 10-7〉의 공식을 이용하여 계산한다.

'C'(열을 뜻하는 *Column*의 첫 글자를 따서 'C'로 표기함)는 χ^2 분석표의 각 셀이 속한 열의 전체 사람의 수를 말한다. 'R'(행을 뜻하는 *row*의 첫 글자를 따서 'R'로 표기함)은 각 셀이 속한 행의 전체 사람의 수를 말한다. 'N'은 전체 사례 수를 의미한다.

공식에서 보듯이 각 셀의 기대빈도는 각 셀이 속한 열의 전체 사람의 수와 각 셀이 속한 행의 전체 사람의 수를 곱한 후 전체 사례 수로 나누어 계산한다. 예를 들면, 셀1의 기대빈도는 셀1이 속한 열(남성)의 전체 사람의 수 10명과 셀1이 속한 행(텔레비전)의 전체 사람의 수 11명을 곱한 후 전체 사례 수 20명으로 나눈 값이다.

각 셀의 기대빈도를 계산하면 〈표 10-8〉과 같다. 셀1(남성-텔레비전)이 해당하는 열(남성)의 전체 사람 수는 10명이고, 행(텔레비전)의 전체 사람 수는 11명이다. 공식에 따라 10명 × 11명을 전체 사례 수 20명으로 나누면 5.5가 된다. 셀1의 기대빈도는 5.5이다. 셀2(남성-신문)가 해당하는 열(남성)의 전체 사람 수는 10명이고, 행(신문)의 전체 사람 수는 9명이다. 공식에 따라 10명 × 9명을 전체 사례 수 20명으로 나누면 4.5가 된다. 셀2의 기대빈도는 4.5이다. 셀3(여성-텔레비전)이 해당하는 열(여성)의 전체 사람 수는 10명이고, 행(텔레비전)의 전체 사람 수는 11명이다. 공식에 따라 10명 × 11명을 전체 사례 수 20명으로 나누면 5.5가 된다. 셀3의 기대빈도는 5.5이다. 셀4(여성-신문)가 해당하는 열(여성)의 전체 사람 수는 10명이고, 행(신문)의 전체 사람 수는 9명이다. 공식에 따라 10명 × 9명을 전체 사례 수 20명으로 나누면 4.5가 된다. 셀4의 기대빈도는 4.5이다.

〈표 10-7〉 기대빈도 공식

$$E = \frac{(C \times R)}{N}$$

〈표 10-8〉 각 셀의 기대빈도

셀1: C(10명) × R(11명)/20명 = 5.5명 　 셀2: C(10명) × R(9명)/20명 = 4.5명
셀3: C(10명) × R(11명)/20명 = 5.5명 　 셀4: C(10명) × R(9명)/20명 = 4.5명

(4) χ^2 값

각 셀의 관측빈도와 기대빈도를 계산했기 때문에 〈표 10-9〉에서 보듯이 χ^2 값을 계산할 수 있다. 셀1의 경우, 관측빈도 3명에서 기대빈도 5.5명을 뺀 후 제곱한 값을 기대빈도 5.5명으로 나누면 '1.136'이 된다〔$(3 - 5.5)^2 \div 5.5 = 1.136$〕. 셀2의 경우, 관측빈도 7명에서 기대빈도 4.5명을 뺀 후 제곱한 값을 기대빈도 4.5명으로 나누면 '1.389'가 된다 〔$(7 - 4.5)^2 \div 4.5 = 1.389$〕. 셀3의 경우, 관측빈도 8명에서 기대빈도 5.5명을 뺀 후 제곱한 값을 기대빈도 5.5명으로 나누면 '1.136'이 된다〔$(8 - 5.5)^2 \div 5.5 = 1.136$〕. 셀4의 경우, 관측빈도 2명에서 기대빈도 4.5명을 뺀 후 제곱한 값을 기대빈도 4.5명으로 나누면 '1.389'가 된다〔$(2 - 4.5)^2 \div 4.5 = 1.389$〕.

각 셀의 값을 합한$(1.136 + 1.389 + 1.136 + 1.389)$ 값은 '5.05'가 된다. 이 값은 〈표 10-5〉의 Pearson 카이제곱에서 제시된 χ^2 값과 같다는 것을 알 수 있다(두 점수 간 차이 0.001은 반올림 때문에 생기는 오류이기 때문에 무시해도 된다).

〈표 10-9〉 χ^2 값

$$\chi^2 = [(3명 - 5.5명)^2/5.5명] + [(7명 - 4.5명)^2/4.5명] + [(8명 - 5.5명)^2/5.5명] + [(2명 - 4.5명)^2/4.5명] = 5.05$$

(5) χ^2 값의 의미

χ^2 값은 관측빈도와 기대빈도 간의 차이가 클수록 커진다. χ^2 값이 클수록 유의확률이 0.05보다 적을 가능성이 커서 연구가설을 받아들일 가능성이 크다(즉, 표본의 연구결과가 모집단에서 나타날 가능성이 크다). 반면 관측빈도와 기대빈도 간의 차이가 작을수록 χ^2 값은 작아지는데, χ^2 값이 작을수록 유의확률이 0.05보다 클 가능성이 커서 영가설을 받아들일 가능성이 크다(즉, 표본의 결과는 모집단에서 나타날 가능성이 작다).

χ^2 값이 클수록 연구가설을 받아들일 가능성이 크지만, χ^2 값만 갖고 판단해서는 안 된다. χ^2 값은 반드시 자유도(*degree of freedom*)와 함께 해석해야 한다. 자유도 개념이 무엇인지 살펴보자.

2) 자유도

숫자 그 자체는 절대적 의미를 갖지 않기 때문에 χ^2 값을 갖고 그 값이 큰지, 작은지를 파악하는 것은 불가능하다. 즉, 〈표 10-5〉의 χ^2 값 '5.051'이 연구가설을 받아들일 정도로 충분히 큰 값인지, 아닌지를 판단할 수 없다. χ^2 값의 의미는 자유도(*degree of freedom*)에 따라 달라지기 때문에 χ^2 값은 반드시 자유도와 함께 살펴보아야 한다.

자유도 = (열의 수 - 1) × (행의 수 - 1)

자유도 개념을 이해하기 위해 간단한 예를 들어보자. 여러분의 친구가 마라톤 대회에서 3등을 했다고 가정하자. 그 친구는 3등을 했으니까 잘 뛴 것일까, 아니면 잘못 뛴 것일까? 숫자 3의 절대적 의미는 없기 때문에 이를 판단하기 위해서는 전체 사람 중에서 3등의 의미를 파악해야 한다. 만일 1,000명 중에서 3등을 했다면 그 친구는 잘 뛴 거지만, 3명 중에서 3등을 했다면 그 친구는 꼴찌로서 잘 못 뛴 것이다. 이처럼 특정 값의 의미를 판단하기 위해서는 비교되는 사람을 알아야 한다.

일반적으로 자유도는 표본의 전체 사례에서 독자적 정보를 가진 사례 수가 얼마인지를 보여주는 값이다. 예를 들어 표본의 수가 100명일 때 100명 전부가 독자적 정보를 가진 것이 아니라 이 중 한 명을 제외한 99명만이 독자적 정보를 가진다. 왜냐하면 99명에 대한 정보를 알면 나머지 한 사람에 대한 정보는 자연스럽게 결정되기 때문이다. 따라서 자유도는 사례 수에서 1을 뺀 값이다(자유도 = N - 1).

그러나 χ^2 분석의 분석 단위는 다른 통계방법과는 달리(예를 들면, t 검증, *ANOVA*, 회귀분석 등), 개인이 아니라 셀이기 때문에 자유도는 독자적 정보를 가진 사례 수가 아니라 독자적 정보를 가진 셀의 수가 된다. χ^2 분석에서 자유도는 〈표 10-10〉의 공식에서 보듯이 열(*column*)의 셀 수에서 1을 뺀 값과 행(*row*)의 셀 수에서 1을 뺀 값을 곱하여 계산한다.

연구가설 〈성별이 선호미디어에 영향을 준다〉에서 자유도를 계산해 보면 〈성별〉의 셀의 수가 2개이기 때문에 '1'(2개 - 1)이고, 〈선호미디어〉의 셀의 수가 2개이기 때문에 '1'(2개 - 1)이다. 자유도는 '1'이 된다[자유도 = (2 - 1) × (2 - 1)].

〈표 10-5〉를 보면, χ^2 값이 '5.051'이고, 자유도는 '1'이라는 것을 알 수 있다. 이 값과 유의확률 값을 갖고 연구가설을 받아들일 것이지를 판단한다.

3) 유의확률

자유도 '1'에서 χ^2 값 '5.051'의 유의확률 값은 χ^2 분포에서의 위치(비율)를 보여준다. 〈표 10-5〉의 Pearson 카이제곱에 제시된 유의확률 값 '0.025'는 자유도 '1'의 χ^2 값 '5.051'이 χ^2 분포에서 0.025(2.5%)에 놓여있다는 것을 의미한다.

〈표 10-5〉에서 유의확률 값이 연구자가 정한 $p < 0.05$보다 작은 '0.025'로 나왔기 때문에 연구자는 〈성별이 선호미디어에 영향을 준다〉는 연구가설을 받아들인다. 따라서

남성은 여성에 비해 신문을 선호하는 경향이 있고, 여성은 남성에 비해 텔레비전을 선호하는 경향이 있는 것으로 보인다는 결론을 내릴 수 있다.

SPSS/PC$^+$(20.0)의 χ^2 분석 프로그램은 χ^2 값과 자유도, 유의확률 값을 제시해 주기 때문에 χ^2 분포표를 읽고 해석하는 방법이 필요 없지만, 이 표를 읽고 해석하는 방법을 알면 유의확률의 의미를 쉽게 이해할 수 있다. χ^2 분포표는 〈부록 B, χ^2 분포〉에 있다. χ^2 분포표의 제일 위쪽에는 유의도 수준(P = 0.30, 0.20, 0.10, 0.05, 0.02, 0.01, 0.001)이 나열되어 있고, 왼쪽에는 자유도(df)가 (1부터 30까지) 제시되어 있다. 연구자가 연구 전에 유의도 수준을 0.05(5%)로 정했고, 자유도는 1이기 때문에 유의도 수준 0.05와 자유도 '1'이 만나는 점수인 χ^2 값은 '3.841'이다. 이 값의 의미는 연구결과로부터 나온 χ^2 값이 '3.841'보다 크면 p < 0.05(95%) 유의도 수준에서 연구가설을 받아들이라는 것이고, '3.841'보다 작으면 영가설을 받아들이라는 의미이다. 위의 예에서 χ^2 값은 '5.051'로서 '3.841'보다 크기 때문에 연구가설을 받아들인다.

8. 다른 값의 의미

χ^2 분석에서는 Pearson 카이제곱에 제시된 χ^2 값과 자유도, 유의확률 값을 해석하면 되지만, 때로는 다른 값을 가지고 유의도 검증을 할 수도 있다. 〈표 10-5〉에서 제시된 다른 검증 값의 의미를 알아보자.

1) 연속수정

χ^2 분석표가 2 × 2로 이루어진 경우(각 변인의 유목이 두 개로 구성된 경우), χ^2 검증은 때로 잘못된 결론에 도달할 수 있다. 즉, 2 × 2의 경우, χ^2 검증의 유의확률 값이 0.05보다 작게 나오는 경향이 있어 연구가설을 받아들이지 말아야 하는 데도 연구가설을 수용할 때가 있다. 이 문제를 해결하기 위해 Yates는 χ^2 공식을 수정하여 Yates의 연속수정(*Yates's continuity correction*) 공식을 만들었다. 그러나 일반적으로 χ^2 검증에 큰 문제가 없기 때문에 Yates의 연속수정 값에 크게 신경 쓸 필요는 없다.

2) 우도비

우도비(尤度比, *likelihood ratio*)는 ML(*maximum-likelihood*) 방법을 사용하여 변인 간의 관계를 검증하는 방법이다. 현 단계에서 독자는 이 방법이 관측 빈도와 예측 모델에서 예측한 빈도와의 차이를 통해 변인 간의 관계를 검증하는 방법이라고 생각하면 된다. 표본이 충분히 클 때 우도비는 χ^2 값과 거의 같다. 그러나 표본이 작을 때에는 χ^2 값과는 다른 값을 갖는다. 이 경우 χ^2 값보다는 우도비로 검증하는 것이 바람직하다.

3) Fisher의 정확한 검증

표본의 수가 충분히 많을 때는 χ^2 값을 가지고 연구가설을 검증해도 문제가 없지만, 표본의 수가 적을 때(일반적으로 표본의 사례 수가 30 미만일 때)는 문제가 발생할 수 있다. 특히 표본의 수가 작을 때에는 각 셀의 기대빈도가 5 미만인 경우가 생길 가능성이 커서 χ^2 검증에 문제가 발생할 가능성이 크다. 표본의 수가 작을 때에는 Fisher의 정확한 검증(Fisher's exact test)을 이용해서 연구가설을 검증하는 것이 바람직하다.

　〈표 10-5〉에서 보듯이 표본의 수가 적고(20명), 5 미만의 기대빈도의 백분율이 50%에 달하기 때문에 χ^2 검증보다는 Fisher의 정확한 검증을 하는 것이 낫다. 〈표 10-5〉에서 Pearson χ^2의 유의확률 값은 '0.025'로 〈성별이 선호미디어에 영향을 준다〉는 연구가설은 받아들여야 하지만, 5 미만인 기대빈도의 백분율이 50%이기 때문에 Fisher의 정확한 검증의 유의확률(양쪽검증) '0.070'을 가지고 판단하는 것이 바람직하다. 이 경우 〈성별이 선호미디어에 영향을 준다〉는 연구가설을 받아들이지 않는다. 일반 연구에서는 표본의 수가 충분히 많기 때문에 크게 걱정할 일은 없다. 단지 표본의 수가 적고 5 미만인 기대빈도의 비율이 20% 이상이면 Fisher의 정확한 검증을 하는 것이 낫다.

9. 결과 분석 3: 상관관계 값 해석

1) 상관관계의 의미

유의도 검증 결과 연구가설을 받아들일 경우에는 반드시 변인 간의 상관관계 값을 해석해야 한다. 상관관계 값은 변인 간의 관계가 얼마나 밀접하게 연결되어 있는지를 보여주는 값이다. 한 변인의 값이 증가할 때마다 다른 변인의 값도 증가한다면 정적(+)인 상관관계가 있다고 말한다. 반면 한 변인의 값이 증가함에도 불구하고 다른 변인의 값이 감소한다면 부적(-)인 상관관계가 있다고 말한다. 반면 한 변인의 값이 변화하는데 다른 변인의 값이 제멋대로 변화한다면 상관관계가 없다고 말한다.

　그러나 연구가설이 유의미하지 않을 경우에는 두 변인 간의 관계가 없다는 결론에 도달하기 때문에 상관관계 값을 해석하지 않는다.

2) 상관관계 값: 람다 (λ)

명명척도로 측정한 변인의 분포는 정상분포가 아니기 때문에 변인 간의 상관관계 값은 등간척도나 비율척도로 측정한 변인의 상관관계 계수와는 다른 방식으로 계산된다(등간척도나 비율척도로 측정된 변인 간의 상관관계 계수에 대해 알고 싶은 독자는 제13장 상관관계분석을 참조하기 바란다).

명명척도로 측정된 변인 간의 상관관계 값은 Phi, Cramer's V, Contingency Coefficient 등 여러 가지로 측정된다. 그러나 이 값은 해석하기 쉽지 않기 때문에 해석하기 편한 PRE(*Proportional Reduction in Error*) 값을 갖고 상관관계를 해석한다.

〈표 10-11〉에서 보듯이 PRE 값에는 명명척도로 측정된 변인 간의 상관관계 정도를 보여주는 람다(λ, *Lambda*)와 서열척도로 측정된 변인 간의 상관관계 정도를 보여주는 감마(γ, *Gamma*) 등이 있는데, χ^2 분석에서 사용하는 변인은 일반적으로 명명척도로 측정한 변인이기 때문에 람다(λ)를 해석한다.

람다(λ)는 설명변량을 보여주는 값으로서 0에서 1 사이의 값을 갖는다. 변량 개념에 익숙하지 않은 독자는 현 단계에서 람다를 명명척도로 측정한 변인 간의 상관관계의 정도를 보여주는 값이라고 생각하기 바란다(변량 개념은 제12장 일원변량분석에서 살펴본다). 람다 0은 한 변인과 다른 변인 간의 상관관계가 없다는 것이다. 변인 간의 상관관계가 없다는 말은 한 변인의 값을 알아도 다른 변인의 값을 전혀 예측할 수 없다는 의미이다. 1은 한 변인과 다른 변인 간의 상관관계가 완벽하게 일치한다는 것이다. 변인 간의 상관관계가 완벽하게 일치한다는 말은 한 변인의 값을 알면 다른 변인의 값을 100% 정확하게 예측할 수 있다는 의미이다.

람다를 해석하는 객관적 기준이 있는 것은 아니지만 일반적으로 다음과 같이 해석하면 된다. 람다가 0에서 0.1 미만이면 변인 간의 상관관계가 거의 없다고 해석하면 된다. 0.1 이상에서 0.3 미만이면 상관관계가 어느 정도 있다고 보면 된다. 0.3 이상에서 0.5 미만이면 상관관계가 상당히 크다고 말할 수 있다. 0.5 이상에서 0.8 미만이면 상관관계가 매우 크다고 해석한다. 0.8 이상에서 1.0이면 상관관계가 거의 완벽에 가깝다고 볼 수 있다.

〈표 10-11〉 PRE 값

Lambda(λ, 람다): 명명척도로 측정된 변인의 상관관계 계수
Gamma(γ, 감마): 서열척도로 측정된 변인의 상관관계 계수

〈표 10-12〉 람다(λ)

대칭적	선호미디어 종속	성별 종속
0.474	0.444	0.500

〈표 10-12〉는 세 개의 람다를 보여준다. 변인 간의 관계가 상호관계인지, 인과관계인 경우 종속변인이 어느 변인이냐에 따라 해석하는 람다가 달라진다.

(1) 상호관계 연구가설

변인 간의 상호관계가 설정된 연구가설의 경우, 세 값 중 〈대칭적〉에 제시된 람다 값을 해석하면 된다. 예를 들어 연구가설이 〈성별과 선호미디어 간에는 관계가 있다〉라면 〈대칭적〉에 제시된 람다 '0.474'를 해석한다. 〈성별〉과 〈선호미디어〉 간의 관계는 상당히 크다고 말할 수 있다.

(2) 인과관계 연구가설

변인 간의 인과관계가 설정된 연구가설의 경우, 종속변인이 무엇이냐에 따라 〈선호미디어 종속〉이나 〈성별 종속〉에 제시된 람다를 선택하여 해석하면 된다. 예를 들어 연구가설이 〈성별이 선호미디어에 영향을 준다〉라면 〈선호미디어〉가 종속변인이기 때문에 〈선호미디어 종속〉에 제시된 람다 '0.444'를 해석한다. 〈성별〉과 〈선호미디어〉 간의 상관관계는 상당히 크다고 말할 수 있다. 만일 연구가설이 〈선호미디어가 성별에 영향을 준다〉라면 〈성별〉이 종속변인이기 때문에 〈성별 종속〉에 제시된 람다 '0.500'을 해석하면 된다. 〈성별〉과 〈선호미디어〉 간의 관계는 매우 크다고 할 수 있다. 이 장에서 분석하는 연구가설은 〈성별이 선호미디어에 영향을 준다〉이기 때문에 〈선호미디어 종속〉에 제시된 람다 '0.444'를 해석한다.

10. 문항 간 교차비교분석 논문작성법

1) 연구절차

(1) χ^2 분석에 적합한 연구가설을 만든다

연구가설	독립변인		종속변인	
	변 인	측 정	변 인	측 정
성별에 따라 선호하는 장르에 차이가 나타난다	성 별	(1) 남성 (2) 여성	선호장르	(1) 뉴스 (2) 드라마

(2) 유의도 수준을 정한다 : $p < 0.05$(95%), 또는 $p < 0.01$(99%) 중 하나를 결정한다

(3) 표본을 선정하여 데이터를 수집한 후 입력한다

(4) SPSS/PC[+] 프로그램 중 χ^2 분석을 실행한다

2) 연구결과 제시 및 해석방법

(1) χ^2 분석표를 제시한다

〈표 10-13〉과 같은 χ^2 분석표를 만든 후 표 아래에는 χ^2 값, 자유도(df), 유의확률(p), 람다 값을 제시한다.

〈표 10-13〉 성별과 선호장르 간의 관계

	남 성	여 성
뉴스	13명 (65.0%)	5명 (25.0%)
드라마	7명 (35.0%)	15명 (75.0%)
계	20명 (100%)	20명 (100%)

$\chi^2 = 6.465$, df = 1, $p < 0.011$, $\lambda = 0.333$

(2) χ^2 분석표를 해석한다

① 유의도 검증 결과 쓰는 방법
〈표 10-13〉에서 보듯이 성별과 선호하는 장르 간에는 통계적으로 유의미한 차이가 있
는 것으로 나타났다 $(\chi^2 = 6.465,\ df = 1,\ p < 0.05)$. 즉, 남성의 상당수$(65.0\%)$는 뉴스를
선호한 반면, 여성의 상당수(75.0%)은 드라마를 선호하는 것으로 보인다.

② 상관관계 결과 쓰는 방법
성별과 선호하는 장르 간의 상관관계를 분석한 결과 두 변인 간의 관계는 상당히 큰 것
으로 나타났다$(\lambda = 0.333)$. 즉, 이 결과는 성별이 선호하는 장르에 영향을 주는 주요 요
인이라는 것을 보여준다.

참고문헌

오택섭·최현철 (2003), 《사회과학 데이터 분석법 ①》, 나남.
최현철·김광수 (1999), 《미디어연구방법》, 한국방송대학교 출판부.

Field, A. (2013), *Discovering Statistics Using IBM SPSS Statistics* (4th ed.), Los Angeles:
    Sage.
Greenwood, P. E., & Nikulin, M. S. (1996), *A Guide to Chi-Squared Testing*, Wiley-
    Interscience.
Kerlinger, F. N. (1973), *Foundations of Behavioral Research* (2nd ed.), New York: Holt,
    Rinehart and Winston.
Lomax, R. G., & Hahs-Vaughn, D. L. (2012) *An Introduction to Statistical Concepts* (3rd
    ed.), New York, NY: Routledge.
Nie, N. H. et al., (1975), *SPSS: Statistical Package for the Social Sciences* (2nd ed.),
    New York: McGraw-Hill Book Company.
Norusis, M. J. (2000), *SPSS 10.0 Guide to Data Analysis* (Book and Disk ed.), Prentice
    Hall.
Pallant, J. (2001), *SPSS Survival Manual: A Step By Step Guide to Data Analysis Using
    SPSS for Windows* (Version 10) (1st ed.), Open Univ Pr.
Reinard, J. C. (2006), *Communication Research Statistics*, Thousand Oaks, CA: Sage.

연습문제

주관식

1. 문항 간 교차비교분석(χ^2 *analysis*)의 목적을 설명하시오.

2. 문항 간 교차비교분석 프로그램을 실행해 보시오.

3. 카이제곱(χ^2)의 의미를 설명하시오.

4. 자유도(*degree of freedom*)의 의미를 생각해 보시오.

5. 람다(*lambda*)의 의미를 설명하시오.

객관식

1. 명명척도로 측정한 한 개의 독립변인과 명명척도로 측정한 한 개의 종속변인 간의 인과관계(또는 상호관계)를 분석하는 통계방법은 무엇인지 고르시오.
   ① 상관관계분석(*correlation analysis*)
   ② 일원변량분석(*one-way ANOVA*)
   ③ 문항 간 교차비교분석(χ^2 *analysis*)
   ④ 독립표본 t 검증(*independent sample t-test*)

2. 문항 간 교차비교분석에 대한 설명 중 옳은 것을 고르시오.
   ① 집단의 평균값을 비교하는 통계방법이다
   ② 변인의 측정은 등간척도(또는 비율척도)여야 한다
   ③ 독립변인의 수는 반드시 두 개여야 한다
   ④ 종속변인의 수는 반드시 한 개여야 한다

3. 카이제곱에 대한 설명 중 맞는 것을 고르시오.

① 관측빈도와 기대빈도 간의 차이가 클수록 카이제곱이 커진다

② 관측빈도와 기대빈도 간의 차이가 작을수록 카이제곱이 커진다

③ 관측빈도와 기대빈도 간의 차이가 클수록 카이제곱은 작아진다

④ 관측빈도와 기대빈도 간의 차이가 클수록 카이제곱은 '0'에 가까워진다

4. "람다는 (　)에서 (　)까지 변화한다"에서 (　)에 들어갈 숫자를 맞게 짝지어진 것을 고르시오.

① −1.0, +1.0

②　0.0, +1.0

③ −0.5,　0.0

④ +0.5, +1.0

5. 〈성별〉과 〈선호정당〉 간의 람다가 0.70이고, 유의확률은 0.05보다 작은 0.001일 때 두 변인 간의 설명 중 맞는 것을 고르시오.

① 〈성별〉과 〈선호미디어〉 간의 상호관계는 거의 없다는 결론을 내린다

② 〈성별〉과 〈선호미디어〉 간의 상호관계는 어느 정도 있다는 결론을 내린다

③ 〈성별〉과 〈선호미디어〉 간의 상호관계는 매우 높다는 결론을 내린다

④ 〈성별〉과 〈선호미디어〉 간의 상호관계는 상당히 깊다는 결론을 내린다

해답: p. 262

t 검증(*t-test*) • 11

이 장에서는 연구자가 명명척도(반드시 유목의 수는 2개)로 측정한 한 개의 독립변인과 등간척도(또는 비율척도)로 측정한 한 개의 종속변인 간의 인과관계를 분석하는 t 검증을 살펴본다. t 검증은 표본의 할당방법에 따라 독립표본 t 검증(*independent sample t-test*)과 대응표본 t 검증(*paired sample t-test*), 일표본 t 검증(*one sample t-test*)으로 나누어진다.

1. t 검증의 종류

t 검증(*t-test*)은 명명척도로 측정한 한 개의 독립변인과 등간척도(또는 비율척도)로 측정한 한 개의 종속변인 간의 인과관계를 분석하는 통계방법이다. t 검증에서 유의할 점은 명명척도로 측정한 독립변인은 반드시 두 유목(또는 집단)으로 측정되어야 한다. t 검증은 독립변인을 구성하는 두 유목의 평균값에 차이가 있는지를 분석하는 방법이기 때문에 〈두 집단 간 평균값의 차이를 검증하는 방법〉이라고도 부른다.

t 검증은 〈표 11-1〉에서 보듯이 표본 할당방법에 따라서 독립표본 t 검증(*Independent sample t-test*)과 대응표본 t 검증(*paired sample t-test*), 일표본 t 검증(*one sample t-test*) 세 가지로 구분된다. 표본 할당방법의 차이에 따른 개별 t 검증의 특성을 살펴보자.

〈표 11-1〉 t 검증의 종류

t 검증은 표본 할당방법에 따라 세 가지로 구분된다
① 독립표본 t 검증 ② 대응표본 t 검증 ③ 일표본 t 검증

1) 연구가설

연구자가 〈군대홍보프로그램 시청에 따라 군대에 대한 태도에 차이가 난다〉는 연구가설을 만들고, 〈군대홍보프로그램시청〉은 ① 시청하지 않음, ② 시청함으로 측정하고, 〈군대에 대한 태도〉는 5점 척도(1점 매우 싫어함부터 5점 매우 좋아함까지)로 측정한 후 두 경우(군대홍보프로그램을 시청하지 않은 경우와 군대홍보프로그램을 시청한 경우)에 군대에 대한 태도의 평균값에 차이가 나타나는지를 검증한다고 가정하자. 연구자가 표본을 어떻게 할당하느냐에 따라 t 검증은 달라진다.

2) 표본 할당방법에 따른 t 검증

(1) 독립표본 t 검증

〈표 11-2〉에서 보듯이 독립표본 t 검증(*independent sample t-test*)에서는 한 집단에 속한 사람이 다른 집단에는 속하지 않게 표본을 할당한다. 한 집단에 속한 사람이 다른 집단에 속하지 않도록 표본을 할당하기 때문에 독립표본(*independent sample*)이라고 부른다. 예를 들어, 연구자가 200명의 표본을 선정하여 100명은 군대홍보프로그램을 시청하지 않은 집단(A집단)에 할당한 후 군대에 대한 태도를 측정하고, 나머지 100명은 군대홍보프로그램을 시청한 집단(B집단)에 할당하여 군대에 대한 태도를 측정한다고 가정하자. 군대홍보프로그램을 시청하지 않은 집단에 할당된 100명은 군대홍보프로그램을 시청한 집단에 할당된 100명과 겹칠 수 없는 사람이다. 독립표본 t 검증은 두 집단(A와 B집단)에 속한 사람의 군대에 대한 태도를 조사하여 평균값을 구한 후 A집단의 평균값 1과 B집단의 평균값 2를 비교하여 t 연구가설의 유의도를 검증한다.

〈표 11-2〉 독립표본 t 검증

	독립변인 (군대홍보프로그램시청)	
	A집단 (표본 : 100명) (군대홍보프로그램 시청하지 않은 집단)	B집단 (표본 : 100명) (군대홍보프로그램 시청한 집단)
종속변인 (군대태도)	평균값 1	평균값 2

(2) 대응표본 t 검증

〈표 11-3〉에서 보듯이 대응표본 t 검증(*paired sample t-test*)은 동일한 사람이 두 시점에 각각 다른 실험처치(또는 응답)를 받도록 표본을 할당한다. 동일한 사람이 시점 1과 시점 2에 참여하기 때문에 짝을 이룬다고 하여 대응표본이라고 부른다. 예를 들어 시점 1

〈표 11-3〉대응표본 t 검증

	독립변인 (군대홍보프로그램 시청)	
	시점 1	시점 2
	A집단 (표본 : 200명) (군대홍보프로그램 시청하지 않은 집단)	A집단 (표본 : 200명) (군대홍보프로그램 시청한 집단)
종속변인 (군대태도)	평균값 1	평균값 2

에 200명이 군대홍보프로그램을 보지 않은 상태에서 군대에 대한 태도를 측정하고, 시점 2에 동일한 200명에게 군대홍보프로그램을 보여준 후 군대에 대한 태도를 측정한다고 가정하자. 동일한 사람이 두 번의 실험에 참여하기 때문에 전체 표본의 수는 200명 (400명이 아님)이 된다. 대응표본 t 검증은 두 시점에 실험에 참여한 사람의 군대에 대한 태도의 개별 값을 조사하여 평균값을 구한 후 평균값 1(시점 1)과 평균값 2(시점 2)를 비교하여 연구가설의 유의도를 검증한다.

(3) 일표본 t 검증

〈표 11-4〉에서 보듯이 일표본 t 검증(*one sample t-test*)은 연구자가 분석하는 두 집단 중 한 집단의 연구결과가 있을 때 다른 집단만을 대상으로 조사하는 것이다. 두 집단 중 한 집단의 종속변인 평균값은 기존 연구결과를 그대로 사용하고, 비교하는 집단은 연구자가 직접 조사하기 때문에 일표본(한 표본만 조사한다)이라고 부른다. 예를 들어 연구자가 군대홍보프로그램을 시청하지 않는 집단과 군대홍보프로그램을 시청한 집단 간 군대에 대한 태도를 조사한 기존 연구결과가 있다면 굳이 조사를 다시 하지 않아도 된다. 연구자는 군대홍보프로그램을 시청한 사람을 표본으로 선정하여 군대에 대한 태도를 실제 조사한 연구결과(평균값 2)와 군대홍보프로그램을 시청하지 않은 사람의 군대에 대한 태도를 측정한 기존 연구결과(평균값 1)를 비교 분석한다. 연구자는 실제 군대홍보프로그램을 시청한 집단만 조사하지만(일표본), 이 결과를 기존 연구결과와 비교 분석한다는 점에서 t 검증이라고 볼 수 있다. 일표본 t 검증은 한계를 지니지만 연구비와 시간을

〈표 11-4〉일표본 t 검증

	독립변인 (군대홍보프로그램 시청)	
	A집단 (군대홍보프로그램 시청하지 않은 집단)	B집단 (표본 : 100명) (군대홍보프로그램 시청한 집단)
종속변인 (군대에 대한 태도)	평균값 1 (기존 연구결과)	평균값 2 (연구자가 직접 조사한 결과)

절약할 수 있는 장점이 있기 때문에 편리하게 사용할 수 있다.

지금까지 표본을 할당하는 방법에 따른 세 종류의 t 검증(독립표본 t 검증, 대응표본 t 검증, 일표본 t 검증)의 특징을 살펴봤는데, 세 종류의 t 검증을 자세히 알아보자.

2. 독립표본 t 검증

1) 정 의

독립표본 t 검증(independent sample t-test)은 〈표 11-5〉에서 보듯이 명명척도로 측정한 한 개의 독립변인과 등간척도(또는 비율척도)로 측정한 한 개의 종속변인 간의 인과관계를 분석하는 통계방법이다. 독립변인을 구성하는 유목(집단)의 수는 반드시 두 개여야 한다.

독립표본 t 검증의 표본은 〈표 11-2〉에서 봤듯이 한 집단에 속한 사람이 다른 집단에 속할 수 없게 할당하는 독립표본이어야 한다. 독립표본 t 검증의 예를 들어보자. 〈음주에 따라 교통사고량에 차이가 난다〉는 연구가설에서 독립변인 〈음주〉는 명명척도로 측정된 변인으로서 ① 음주하지 않은 집단과 ② 음주한 집단으로 나누어 한 집단에 속한 사람은 다른 집단에 속하지 않도록 할당한다. 두 집단에 속한 사람의 교통사고량을 조사하여 평균값을 구한 후 집단 간 평균값의 차이가 있는지를 비교하여 유의도 검증을 한다.

독립표본 t 검증을 사용하기 위한 조건을 알아보자.

〈표 11-5〉 독립표본 t 검증의 조건

1. 독립변인
    1) 측정: 명명척도(반드시 2개의 유목으로 측정한다)
    2) 수: 한 개

2. 종속변인
    1) 측정: 등간척도(또는 비율척도)
    2) 수: 한 개

3. 표본: 독립표본

(1) 변인의 측정

독립표본 t 검증에서 독립변인은 명명척도로 측정하는데 반드시 두 개의 유목(집단)으로 이루어져야 한다. 예를 들면 〈성별〉(① 남성, ② 여성)이나 〈종교〉(① 기독교, ② 불교), 〈지역〉(① 영남, ② 호남)은 명명척도로 측정한 변인이면서 두 개의 유목으로 이루어졌기 때문에 독립표본 t 검증에서 독립변인으로 사용할 수 있다. 그러나 〈종교〉를 ① 기독교, ② 천주교, ③ 불교, ④ 원불교 네 개의 유목으로 측정한다면, 비록 명명척도로 측정한다 하더라도 유목의 수가 네 개이기 때문에 독립변인으로 사용할 수 없다. 연구자가 네 개의 유목으로 측정한 〈종교〉를 독립변인으로 사용하고 싶으면 〈종교〉를 두 개의 유목으로 변환해야 한다. 예를 들어 〈종교〉를 기독교와 천주교를 한 개의 유목으로 묶고, 불교와 원불교를 다른 한 개의 유목으로 묶어서 ① 기독교계 종교, ② 불교계 종교 두 개의 유목으로 바꾸면 된다.

본래 명명척도로 측정하는 변인은 아니지만 두 개의 유목으로 이루어졌다면 명명척도로 측정한 독립변인처럼 취급할 수 있다. 예를 들어 〈텔레비전뉴스시청〉(① 예, ② 아니오)나 〈트위터사용〉(① 예, ② 아니오) 등 두 유목으로 측정되었다면 독립변인으로 사용할 수 있다.

서열척도나 등간척도, 비율척도로 측정한 변인을 사용하려면 점수들을 두 개의 유목으로 묶어야 한다. 예를 들면, 비율척도로 측정한 〈음주량〉의 경우, (① 음주하지 않음, ② 음주함), 또는 (① 반 병 미만, ② 반 병 이상) 등 두 개의 유목으로 만들면 된다.

종속변인은 등간척도(또는 비율척도)로 측정되어야 한다.

독립변인의 유목의 수가 세 개 이상 여러 개인 경우에는 독립표본 t 검증을 사용할 수 없고 일원변량분석(one-way ANOVA)을 사용해야 한다(일원변량분석을 알고 싶은 독자는 제 12장 일원변량분석을 참조하기 바란다). 예를 들어 연구자가 독립변인 〈지역〉을 ① 서울과 수도권, ② 충청, ③ 강원, ④ 영남, ⑤ 호남, ⑥ 제주 등 여섯 개의 유목으로 측정하고, 종속변인 〈대통령지지도〉를 5점 등간척도로 측정한 경우, 두 변인 간의 인과관계는 독립표본 t 검증으로는 분석할 수 없고, 일원변량분석을 사용해야 분석할 수 있다.

(2) 변인의 수

독립표본 t 검증에서 사용하는 변인의 수는 독립변인 한 개, 종속변인도 한 개여야 한다. 즉, 독립표본 t 검증에서 사용하는 변인의 수는 두 개가 된다.

연구자가 두 개 이상의 독립변인과 한 개의 종속변인 간의 관계를 분석하고 싶을 때에는 독립표본 t 검증이나 일원변량분석을 해서는 안 되며 다원변량분석(n-way ANOVA)을 사용해야 한다. 예를 들어 연구자가 명명척도로 측정한 독립변인 〈성별〉(① 남성, ② 여성), 〈지역〉(① 도시, ② 농촌)과 비율척도로 측정한 종속변인 〈통신비〉간의 인과관계를 분석하려면 다원변량분석을 사용해야 한다.

2) 연구절차

독립표본 t 검증의 연구절차는, 〈표 11-6〉에 제시된 것처럼 네 단계로 이루어진다.

첫째, 독립표본 t 검증에 적합한 연구가설을 만든다. 변인의 측정과 수, 표본 할당에 유의하여 연구가설을 만든 후 유의도 수준($p < 0.05$, 또는 $p < 0.01$)을 정한다.

둘째, 데이터를 수집하여 입력한 후 SPSS/PC$^+$(20.0)의 독립표본 t 검증을 실행하여 분석에 필요한 결과를 얻는다.

셋째, 결과 분석의 첫 번째 단계로 전제를 검증한다. 표본이 독립표본인지, 집단이 동질적인지를 검증한다. 집단의 동질성 검증 결과에 따라 해석하는 t 값이 달라진다.

넷째, 결과 분석의 두 번째 단계로 연구가설의 유의도 검증을 한다. 평균값과 t 값, 자유도, 유의확률 값을 통해 연구가설의 수용 여부를 판단한다.

〈표 11-6〉 독립표본 t 검증의 연구절차

1. 연구가설 제시
   1) 독립변인의 수는 한 개이고, 명명척도로 측정한다(반드시 유목이 두 개).
      종속변인의 수는 한 개이고, 등간척도(또는 비율척도)로 측정한다. 변인
      간의 인과관계를 연구가설로 제시한다
   2) 유의도 수준을 정한다 ($p < 0.05$ 또는 $p < 0.01$)

⬇

2. 데이터 입력과 프로그램 실행
   1) 데이터를 수집하여 입력한다
   2) 독립표본 t 검증을 실행하여 분석에 필요한 결과를 얻는다

⬇

3. 결과 분석 1: 전제 검증
   1) 독립표본
   2) 집단의 동질성 검증

⬇

4. 결과 분석 2: 유의도 검증

3) 연구가설과 가상 데이터

(1) 연구가설

① 연구가설
독립표본 t 검증의 연구가설은 〈표 11-5〉에서 살펴 본 변인의 측정과 수, 독립표본 할당의 조건을 충족한다면 무엇이든 가능하다. 이 장에서는 독립변인 〈군대홍보프로그램 시청〉과 종속변인 〈군대태도〉 간의 인과관계를 검증한다고 가정한다. 연구가설은 〈군대홍보프로그램 시청이 군대에 대한 태도에 영향을 준다〉(또는 〈군대홍보프로그램 시청에 따라 군대에 대한 태도에 차이가 난다〉)이다.

② 변인의 측정과 수
독립변인은 〈군대홍보프로그램시청〉 한 개이고 ① 시청하지 않음, ② 시청함으로 측정한다. 종속변인은 〈군대태도〉 한 개이고, 5점 척도(1점: 매우 싫어함부터 5점: 매우 좋아함까지)로 측정한다.

③ 유의도 수준
유의도 수준을 $p < 0.05$(또는 $\alpha < 0.05$)로 정한다. 유의확률이 0.05보다 작으면 연구가설을 받아들이고, 0.05보다 크면 영가설을 받아들인다.

(2) 가상 데이터
이 장에서 분석하는 〈표 11-7〉의 데이터는 필자가 임의적으로 만든 것이어서 표본의 수(20명)가 적고, 결과가 꽤 잘 나오게 만들었다(이 데이터를 사용하여 독립표본 t 검증 프로그램을 실행해 보기 바란다). 그러나 독자가 실제 연구하는 데이터는 표본의 수도 훨씬 많고, 결과는 이 장에서 제시하는 것만큼 깔끔하게 나오지 않을 수 있다.

<표 11-7> 독립표본 t 검증의 가상 데이터

응답자	시청여부	군대태도	응답자	시청여부	군대태도
1	1	2	11	2	5
2	1	1	12	2	4
3	1	1	13	2	3
4	1	3	14	2	5
5	1	1	15	2	4
6	1	1	16	2	4
7	1	2	17	2	5
8	1	1	18	2	3
9	1	1	19	2	4
10	1	2	20	2	4

4) SPSS/PC⁺ 실행방법

[실행방법 1]

메뉴판의 [분석(A)]을 선택하여 [평균비교(M)]을 클릭하고 [독립표본 T 검정(T)]을 클릭한다.

[독립표본 T 검정] 창이 나타나면, 분석하고자 하는 종속변인(군대태도)을 선택하여 왼쪽에서 오른쪽의 [검정변수(T)]로 옮긴다 (➡). 독립변인인 〈홍보시청〉은 [집단변수(G)]로 이동시킨다. [집단정의(D)]를 클릭한다.

[집단정의] 창에 [◉ 지정값 사용(U)]의 집단 1에는 '시청하지 않음'의 '1', 집단 2에는 '시청함'의 값인 '2'를 입력한다. 아래 [계속]을 클릭한다.

[집단정의(D)] 설정에 의해 [집단변수(G)] 아래는 〈홍보시청(1 2)〉로 바뀌었다. 아래쪽의 [확인]을 클릭한다.

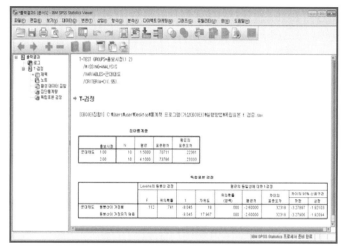

[분석결과 1]

분석결과가 새로운 창에 *출력결과1[문서1]로 나타난다. [집단통계량] 표에는 '홍보시청'에 따른 사례 수(N), 평균 군대태도, 표준편차, 평균의 표준오차가 제시된다. [독립표본 검정] 표에는 'Levene의 등분신 김징' 결과와 T 검증 결과가 제시된다.

5) 결과 분석 1: 전제 검증

(1) 독립표본

독립표본 t 검증을 사용하기 위해서는, 〈표 11-2〉에서 봤듯이 한 집단에 속한 사람이 다른 집단에 속하지 않도록 표본을 할당해야 한다. 예를 들어보자. 〈음주가 교통사고량에 영향을 준다〉는 연구가설의 유의도 검증을 할 때 독립변인 〈음주〉는 명명척도로 측정된 변인으로서 ① 음주하지 않음과 ② 음주함 두 유목으로 이루어졌고, 음주하지 않은 집단에 속한 사람은 음주한 집단에 속하지 않도록 표본을 할당해야 한다. 한 집단에 속한 사람이 다른 집단에도 속하게 표본을 할당하면 독립표본의 전제가 충족되지 않기 때문에 독립표본 t 검증을 사용해서는 안 된다.

(2) 집단의 동질성 검증

독립표본 t 검증에서는 연구가설을 검증하기 전에 집단의 동질성 전제를 검증해야 한다. 집단의 동질성의 전제가 무엇인지, 왜 필요한지 알아보자.

　독립표본 t 검증에서는 표본의 연구결과(두 집단의 평균값과 차이)를 t 공식에 대입하여 t 값을 계산한 후 이 결과가 모집단에서도 나타나는지를 분석한다. 문제는 연구자가 두 집단에 속한 사람이 같은 모집단으로부터 추출되었는지를 알 수 없다는 것이다. 〈그림 11-1〉의 (a)처럼 각 집단(집단1과 집단2)에 속한 사람은 같은 모집단으로부터 추출되었을 수도 있고, (b)처럼 다른 모집단(모집단1, 모집단2)들로부터 추출되었을 수도 있다. (a)처럼 두 집단에 속한 사람이 같은 모집단으로부터 추출되었다면(즉, 두 집단이 동질적이라면) 표본의 연구결과가 모집단에서도 나오는지 추리하는 데 문제가 없지만, (b)처럼 두 집단에 속한 사람이 다른 모집단들로부터 추출되었다면(즉, 두 집단이 동질적이 아니라면) 추리과정에 문제가 발생한다. 독립표본 t 검증에서 유의도 검증을 제대로 하려면 두 집단의 동질성 전제가 충족되어야 한다.

두 집단이 같은 모집단에서 추출되었는지의 여부(즉, 집단의 동질성 검증)은 두 집단의 오차변량(*error variance*)을 비교하여 이루어진다. 오차변량은 집단 내 각 점수가 평균값으로부터 벗어난 정도를 보여주는 값으로서 집단이 동질적인지, 또는 이질적인지를 보여준다. 따라서 집단의 동질성 검증은 오차변량의 동질성(*homogeneity of error variance*) 검증이라고 부른다.

오차변량의 동질성 검증을 통해 집단의 동질성을 검증한다. 〈표 11-8〉에서 보듯이 두 집단의 동질성 검증을 위한 연구가설은 두 집단의 오차변량이 다르다는 것이고, 영가설은 두 집단의 오차변량이 같다는 것이다. 유의도 수준은 $p < 0.05$로 한다. 한 집단의 오차변량과 다른 집단의 오차변량이 같거나 비슷하다면 영가설을 받아들여 두 집단은 같은 모집단에서 추출되었다고 판단한다. 집단의 동질성 전제가 충족된다면 연구가설을 검증하는 데 문제가 없다. 그러나 한 집단의 오차변량과 다른 집단의 오차변량의 차이가 많이 나면 연구가설을 받아들여 두 집단은 다른 모집단으로부터 나왔다고 판단한다. 집단의 동질성 전제가 충족되지 않는다면 연구가설을 검증하는 데 필요한 값들을 정확

〈그림 11-1〉 두 집단과 모집단과의 관계

〈표 11-8〉 두 집단 간 오차변량의 동질성 검증 가설

연구가설: 두 집단의 오차변량이 다르다(즉, 두 집단이 추출된 모집단이 다르다)
영가설: 두 집단의 오차변량이 같다(즉, 두 집단이 추출된 모집단이 같다)
유의도 수준: $p < 0.05$

1. 오차변량이 동질적일 경우(영가설을 받아들여 두 집단이 같은 모집단으로부터 추출되었다고 판단함)에는 연구가설의 유의도 검증에 필요한 값을 정확하게 계산할 수 있다

2. 오차변량이 동질적이지 않은 경우(연구가설을 받아들여 두 집단 다른 모집단으로부터 추출되었다고 판단함)에는 연구가설의 유의도 검증에 필요한 값을 정확하게 계산할 수 없고, 추정값만 구하게 된다

<표 11-9> 집단의 동질성 검증과 t 검증 결과

	Levene의 오차변량의 동질성 검증		t	자유도	유의확률 (양쪽)
	F	유의확률			
군대태도 등분산이 가정됨	0.112	0.741	-8.045	18	0.000
군대태도 등분산이 가정되지 않음			-8.045	17.967	0.000

하게 알 수 없고, 추정값만 계산할 수 있다(변량을 알고 싶은 독자는 제 8장 기술통계와 제 12장 일원변량분석에서 설명한 변량 개념을 참조하기 바란다).

오차변량의 동질성을 검증하기 위해서는 〈표 11-9〉의 Levene의 등분산(*equal variance*를 번역한 말로 '오차변량이 같다'는 의미) 검증 결과를 보고 판단한다. Levene의 오차변량의 동질성 검증은 F 값과 유의확률 값을 갖고 이루어진다. F 값의 의미는 제 12장 일원변량분석에서 알아본다. 현 단계에서 독자는 F 값이란 두 집단의 오차변량을 비교하여 구한 값이라고 생각하면 된다. 유의확률 값이 연구자가 정한 유의도 수준 0.05보다 작다면(예를 들어 0.04, 0.03, 0.02⋯ 등) 연구가설을 받아들여 두 집단이 추출된 모집단이 다르다는 결론을 내린다. 그러나 유의확률이 연구자가 정한 유의도 수준 0.05보다 크다면(예를 들어 0.07, 0.08, 0.09⋯ 등) 영가설을 받아들여 두 집단이 추출된 모집단이 같다는 결론을 내린다.

Levene 오차변량의 동질성 검증 결과는 t 연구가설을 검증하는 데 중요하다. 독립표본 t 검증을 실행하면, 〈등분산이 가정됨〉(*equal variance assumed*의 번역으로 '오차변량이 같다고 전제함'의 의미)과 〈등분산이 가정되지 않음〉(*equal variance not assumed*의 번역으로 '오차변량이 다르다고 전제함'을 의미) 두 값이 제시된다. Levene 검증 결과에 따라 모집단이 같은 경우에는 〈등분산이 가정됨〉에 제시된 t 값과 자유도, 유의확률 값을 해석하고, 모집단이 다를 경우에는 〈등분산이 가정되지 않음〉에 제시된 t 값과 자유도, 유의확률 값을 해석한다.

〈표 11-9〉의 Levene의 오차변량의 동질성 검증 결과를 살펴보면 F 값은 '0.112', 유의확률 값은 '0.741'로 '0.05'보다 크기 때문에 영가설을 받아들인다. 즉, 두 집단이 추출된 모집단이 같다는 결론을 내린다. 두 집단이 추출된 모집단이 같기 때문에 평균값과 함께 〈등분산이 가정됨〉에 제시된 t 값과 자유도, 유의확률 값을 해석한다.

6) 결과 분석 2: 유의도 검증

〈표 11-9〉에서 보듯이 Levene 오차변량의 동질성 검증 결과 두 집단이 같은 모집단에서 추출되었기 때문에 〈군대홍보프로그램의 시청에 따라 군대에 대한 태도에 차이가 난다〉는 t 연구가설을 검증하기 위해 평균값과 〈등분산이 가정됨〉에 제시된 t 값과 자유도, 유의확률 값을 해석한다.

(1) 평균값
〈표 11-10〉에 제시된 두 집단의 평균값을 살펴보자. 군대홍보프로그램을 시청하지 않은 사람의 수는 10명이고, 군대에 대한 태도의 평균값은 '1.5'이고, 군대홍보프로그램을 시청한 사람의 수는 10명이고, 군대에 대한 태도의 평균값은 '4.1'로 나타났다.

평균값만 갖고 판단할 때, 군대홍보프로그램을 시청한 사람이 시청하지 않은 사람에 비해 군대에 대해 긍정적 태도를 가지는 것처럼 보인다. 이 표본의 결과가 모집단에도 그대로 나타나는지를 판단하기 위해서 유의도 검증을 한다.

〈표 11-10〉 평균값

시청 여부	사례 수	평균	표준편차
군대태도 시청 안함	10	1.5000	0.70711
시청함	10	4.1000	0.73786

(2) 결과 해석
〈표 11-9〉의 Levene의 오차변량의 동질성 검증 결과로 판단할 때, 두 집단이 동질적이기 때문에 〈등분산이 가정됨〉에 제시된 값을 제시하고 해석한다. 두 집단 간 평균값의 차이는 '-2.6'이고, t 값 '-8.045', 자유도 '18', 유의확률(양쪽) '0.000'이다. 이 결과를 〈표 11-10〉의 평균값과 함께 해석하여 아래와 같은 결론을 내린다.

〈군대홍보프로그램 시청에 따라 군대에 대한 태도에 차이가 난다〉는 연구가설을 검증한 결과 t 값은 '-8.045', 자유도는 '18', 유의확률 값은 '0.05'보다 작기 때문에 군대홍보프로그램 시청에 따라 군대에 대한 태도에 차이가 난다. 군대홍보프로그램을 시청하지 않은 사람의 군대에 대한 태도는 '1.5'로 낮게 나타났고, 군대홍보프로그램을 시청한 사람의 군대에 대한 태도는 '4.1'로 높게 나타났기 때문에 군대홍보프로그램 시청은 군대에 대한 긍정적 태도 형성에 영향을 주는 것으로 보인다.

7) 유의도 검증의 기본 논리

(1) t 값의 의미

t 값은 명명척도로 측정한 독립변인과 등간척도(또는 비율척도)로 측정한 종속변인으로 이루어진 연구가설의 유의도를 검증하기 위해 필요한 값으로서 두 집단 간 평균값의 차이를 집단의 표준편차로 나누어 계산한다. 일반적으로 두 집단 간 평균값의 차이가 크면 t 값이 크고, 차이가 작으면 t 값이 작아진다.

〈표 11-9〉에서 보듯이 군대홍보프로그램을 시청하지 않은 사람의 군대에 대한 태도의 평균값 '1.5'와 시청한 사람의 군대에 대한 태도의 평균값 '4.1'의 차이는 '-2.6'인데, 이 차이를 t 공식에 따라 계산하면 t 값이 '-8.045'로 나온다(SPSS/PC⁺(20.0) 프로그램이 계산해 주기 때문에 공식은 신경 쓰지 않아도 된다). t 값이 '-8.045'로 '-'가 된 이유는 시청하지 않은 집단에 속한 사람의 평균값('1.5')에서 시청한 집단에 속한 사람의 평균값('4.1')을 빼 두 집단 간 평균값의 차이가 '-'로 나왔기 때문이다. 두 집단의 순서를 바꿔서(집단의 순서는 중요하지 않다) 시청한 집단에 속한 사람의 평균값에서 시청하지 않는 집단에 속한 사람의 평균값을 뺀 차이를 계산하면 '+'가 되기 때문에 t 값은 '+8.045'가 된다. 즉, t 값을 해석할 때는 부호를 신경 쓸 필요가 없다.

두 집단 간 평균값의 차이가 클수록 t 값이 커져서 연구가설을 받아들일 가능성이 크다. 반면 두 집단 간 평균값의 차이가 작을수록 t 값은 작아지기 때문에 영가설을 받아들일 가능성이 크다. 그러나 다른 추리통계방법과 마찬가지로 t 값만 가지고 판단해서는 안 되며 반드시 자유도와 함께 해석해야 한다.

(2) 자유도

자유도(*degree of freedom*)는 t 값의 의미를 판단하기 위해 비교되는 사람의 수를 의미하는데, 표본의 전체 사례에서 독자적 정보를 가진 사례의 수가 얼마인지를 보여준다(제10장 문항 간 교차비교분석의 자유도 설명을 참조하기 바란다). 군대홍보프로그램을 시청하지 않은 집단에 속한 사람의 수는 10명이기 때문에 이 집단(집단1)의 자유도는 사례 수(10)에서 '1'을 뺀 값 '9'가 되고, 군대홍보프로그램을 시청한 집단에 속한 사람의 수도 10명이기 때문에 이 집단(집단2)의 자유도는 사례 수(10)에서 '1'을 뺀 값 '9'가 된다. 〈표 11-9〉에서 보듯이 전체 자유도는 집단1의 자유도 '9'와 집단2의 자유도 '9'를 합한 값 '18'이 된다.

(3) 유의확률

연구가설의 수용 여부는 유의확률 값을 가지고 판단한다. 자유도 '18'에서 t값 '-8.045' 의 유의확률 값이 '0.000'인데, 이는 t 분포에서 '0.000'(0.001%)에 놓여 있다는 것을 의미한다.

SPSS/PC$^+$(20.0) 프로그램이 t 값과 자유도, 유의확률을 계산하여 제시해 주기 때문에 t 분포표를 읽는 방법이 필요는 없지만, t 분포표를 해석하는 방법을 알면 유의확률의 의미를 쉽게 이해할 수 있다. t 분포표는 〈부록 C, t 분포〉에 제시되어 있다. t 분포표의 제일 위쪽에는 유의도 수준이 나열되어 (일방적 검증과 양방적 검증 아래 0.10, 0.05, 0.01) 있고, 표의 왼쪽에는 자유도(df)가 (1부터 ∞까지) 제시되어 있다. 위의 예에서 연구자가 유의도 수준을 0.05로 정했고(일단 〈양방적 검증에서의 유의수준〉 0.05를 본다), 자유도는 '18'이기 때문에 유의도 수준 '0.05'와 자유도 '18'이 만나는 점수인 t 값은 '2.101'이다. 연구결과로부터 계산한 t 값이 '2.101'보다 크면 $p < 0.05$(95%) 유의도 수준에서 연구가설을 받아들이는 것이고, '2.101'보다 작으면 영가설을 받아들이라는 의미이다. 위의 예에서 t 값은 '-8.045'로서 '2.101'보다 크고(부호는 무시한다), 유의확률 값이 $p < 0.05$보다 작은 '0.000'으로 나왔기 때문에 연구가설을 받아들인다.

그러나 〈표 11-11〉의 Levene의 오차변량의 동질성 검증결과 집단이 동질적이 아니라면 〈등분산이 가정되지 않음〉에 제시된 값을 해석하면 된다. 결과 해석은 〈등분산이 가정됨〉에서 설명한 내용과 같기 때문에 생략하고, 차이가 나는 자유도만 살펴본다. 두 집단이 동질적이지 않을 때에는 t 값을 정확하게 계산할 수 없고 추정 값만을 구할 수 있다. 따라서 〈등분산이 가정되지 않음〉에 제시된 자유도는 〈등분산이 가정됨〉에서처럼 자연수가 나오는 것이 아니라 소수점이 있는 값이 제시된다. 자유도는 독자적 정보를 가지는 사례 수이기 때문에 소수점이 나올 수 없지만, 두 집단이 동질적이 아닌 경우 자유도는 추정 값만 계산할 수 있기 때문에 소수점이 있는 값을 갖게 된다.

8) 결과 분석 3: 상관관계 값

SPSS/PC$^+$(20.0)의 독립표본 t 검증 프로그램에서는 독립변인과 종속변인 간의 상관관계 값을 제시하지 않는다. 상관관계 값을 구하려면 SPSS/PC$^+$(20.0) 프로그램의 〈일반선형모형〉 중 〈일변량〉 프로그램을 실행해야 한다.

제 12장 일원변량분석에서 살펴보겠지만, 독립표본 t 검증과 일원변량분석은 명명척도로 측정된 독립변인과 등간척도(비율척도)로 측정된 종속변인 간의 관계를 분석한다는 점에서 동일하지만, 아래와 같이 두 가지 차이가 있기 때문에 일원변량분석을 실행하는 것이 바람직하다.

첫째, 독립표본 t 검증에서 사용하는 독립변인은 반드시 두 개의 유목으로 측정되어야 하지만, 일원변량분석에서는 독립변인의 유목 수에 제약이 없기 때문에 몇 개의 유목으로 측정을 해도 분석이 가능하다. 일원변량분석은 독립표본 t 검증을 발전시킨 방법이라고 말할 수 있다.

둘째, 독립표본 t 검증은 두 집단의 평균값의 차이를 통해 변인 간의 인과관계를 분석하지만, 일원변량분석은 평균값 대신 변량이라는 개념을 사용하여 변인 간의 인과관계를 분석한다. 일원변량분석을 실행하면 독립표본 t 검증에서 얻은 결과와 동일한 결과를 얻을 수 있을 뿐 아니라 변인 간의 상관관계 값도 구할 수 있기 때문에 편리하다.

3. 대응표본 t 검증

1) 정 의

대응표본 t 검증(*paired sample t-test*)은, 〈표 11-11〉에서 보듯이 명명척도로 측정한 한 개의 독립변인과 등간척도(또는 비율척도)로 측정한 한 개의 종속변인 간의 인과관계를 분석하는 방법이다. 독립변인을 구성하는 유목의 수는 반드시 두 개여야 한다. 이 조건은 독립표본 t 검증과 같다.

대응표본 t 검증은 독립표본 t 검증과는 달리 〈표 11-3〉에서 봤듯이, 반드시 동일한 사람이 두 번의 실험처치(또는 응답)에 참여해야 한다. 대응표본 t 검증의 예를 들어보자. 〈음주에 따라 교통사고량에 차이가 난다〉는 연구가설에서 독립변인 〈음주〉는 명명척도로 측정된 변인으로서 ① 음주하지 않음과 ② 음주함 두 유목으로 측정하여 표본에 속한 전체 사람이 시점1에는 술을 마시지 않고, 시점2에는 술을 마신다. 연구가설의 유의도 검증은 시점1: 술 마시지 않은 상태에서의 교통사고량과 시점2: 술 마신 후 교통

〈표 11-11〉 대응표본 t 검증의 조건

1. 독립변인
   1) 측정: 명명척도(반드시 2개의 유목으로 측정)
   2) 수: 한 개

2. 종속변인
   1) 측정: 등간척도 (또는 비율척도)
   2) 수: 한 개

3. 표본: 대응표본

사고량을 조사하여 평균값을 구한 후 두 시점 간의 평균값에 차이가 있는지를 비교 분석하여 이루어진다.

대응표본 t 검증은 동일한 사람이 시점만 달리하여 실험에 참여(또는 응답)하기 때문에 독립표본 t 검증과 같이 집단의 동질성 검증(두 집단이 같은 모집단에서 추출되었는지 여부)을 할 필요가 없지만, 대신 대응표본과 유목 간 상관관계 계수 전제를 검증한다.

독립표본 t 검증을 사용하기 위한 조건을 알아보자.

(1) 변인의 측정

대응표본 t 검증에서 독립변인은 명명척도로 측정해야 하고, 반드시 두 개의 유목으로 구성돼야 한다. 예를 들면, 〈군대홍보프로그램시청〉은 시점1의 ① 시청하지 않은 상태와 시점2의 ② 시청한 상태로 측정해야 한다. 또는 〈음주〉의 예를 들면 시점1의 ① 음주하지 않은 상태와 시점2의 ② 음주한 상태로 측정해야 한다.

종속변인은 등간척도(또는 비율척도)로 측정되어야 한다.

유목의 수가 세 개 이상인 독립변인을 사용해 종속변인 간의 인과관계를 분석하고 싶을 때는 대응표본 t 검증을 사용할 수 없고 반복측정ANOVA(*repeated measures ANOVA*)를 사용해야 한다. 예를 들어 독립변인 〈군대홍보프로그램시청〉을 시점1의 ① 시청한 적이 없음, 시점2의 ② 1~2번 시청한 적이 있음, 시점3의 ③ 3번 이상 시청한 적이 있음으로 세 개의 유목으로 측정한다면 대응표본 t 검증으로 분석할 수 없다. 또는 〈음주〉를 시점1의 ① 음주하지 않은 상태와 시점2의 ② 소주 반 병 마신 상태, 시점3의 ③ 소주 1병 이상 마신 상태로 측정한다면 대응표본 t 검증을 사용할 수 없다.

(2) 변인의 수

대응표본 t 검증에서 사용하는 변인의 수는 독립변인 한 개, 종속변인 한 개여야 한다. 즉, 대응표본 t 검증에서 사용하는 변인의 수는 두 개이다.

(3) 대응표본 t 검증과 독립표본 t 검증의 공통점과 차이점

대응표본 t 검증과 독립표본 t 검증 간의 공통점과 차이점을 알아보자.

① 공통점

대응표본 t 검증과 독립표본 t 검증의 목적은 명명척도로 측정한 한 개의 독립변인(유목의 수는 두 개)과 등간척도(또는 비율척도)로 측정한 한 개의 종속변인 간의 인과관계를 분석하기 위한 것으로 동일하다. 예를 들어, 〈음주에 따라 교통사고량에 차이가 난다〉는 연구가설은 독립표본 t 검증으로도 검증할 수 있고, 대응표본 t 검증으로도 검증할 수 있다.

② 차이점

대응표본 t 검증과 독립표본 t 검증 간에는 표본을 할당하는 방법에 큰 차이가 있다. 예를 들어 연구자가 특정 혈압약의 복용여부가 혈압에 미치는 효과를 t 검증을 사용하여 검증한다고 가정하자. 이 연구가설은 표본을 어떻게 할당하느냐에 따라 t 검증이 달라진다. 〈표 11-12〉의 (a)에서 보듯이 독립표본 t 검증에서는 A집단에 속한 사람은 특정 혈압약을 복용하지 않은 상태에서 혈압을 측정하고, B집단에 속한 사람은 특정 혈압약을 복용한 후 혈압을 측정해 두 집단 간 혈압의 차이를 분석하여 혈압약의 효과를 검증한다.

반면 대응표본 t 검증을 사용하면, 〈표 11-12〉의 (b)에서 보듯이 동일한 사람이 시점1에 특정 혈압약을 복용하지 않은 상태에서 혈압을 측정하고, 시점2에 특정 혈압약을 복용한 후 혈압을 측정해 두 조건에 따른 혈압의 차이를 분석하여 혈압약의 효과를 검증한다.

〈표 11-12〉 독립표본 t 검증과 대응표본 t 검증의 표본의 차이

(a) 독립표본 t 검증

혈압약을 복용한 집단	혈압약을 복용하지 않은 집단
응답자 1의 혈압 값	응답자 4의 혈압 값
응답자 2의 혈압 값	응답자 5의 혈압 값
응답자 3의 혈압 값	응답자 6의 혈압 값

(b) 대응표본 t 검증

시점1	시점2
혈압약 미복용	혈압약 복용
응답자 1의 혈압 값	응답자 1의 혈압 값
응답자 2의 혈압 값	응답자 2의 혈압 값
응답자 3의 혈압 값	응답자 3의 혈압 값

2) 연구절차

대응표본 t 검증의 연구절차는, 〈표 11-13〉에 제시된 것처럼 네 단계로 이루어진다.

첫째, 대응표본 t 검증에 적합한 연구가설을 만든다. 변인의 측정과 수, 표본 할당에 유의하여 연구가설을 만든 후 유의도 수준($p < 0.05$, 또는 $p < 0.01$)을 정한다.

둘째, 데이터를 수집하여 입력한 후 SPSS/PC$^+$(20.0)의 대응표본 t 검증을 실행하여 분석에 필요한 결과를 얻는다.

셋째, 결과 분석의 첫 번째 단계로 대응표본과 유목 간 상관관계 전제를 검증한다.

넷째, 결과 분석의 두 번째 단계로 연구가설의 유의도 검증을 한다. 평균값과 t 값, 자유도, 유의확률 값을 살펴보면서 연구가설의 수용 여부를 판단한다.

〈표 11-13〉 대응표본 t 검증의 연구절차

1. 연구가설 제시
   1) 독립변인의 수는 한 개이고, 명명척도로 측정한다(반드시 유목이 두 개).
      종속변인의 수는 한 개이고, 등간척도나 비율척도로 측정한다. 변인 간의
      인과관계를 연구가설로 제시한다
   2) 유의도 수준을 정한다($p < 0.05$ 또는 $p < 0.01$)

⬇

2. 데이터 입력과 프로그램 실행
   1) 데이터를 수집하여 입력한다
   2) 대응표본 t 검증을 실행하여 분석에 필요한 결과를 얻는다

⬇

3. 결과 분석 1: 전제 검증
   1) 대응표본
   2) 유목 간 상관관계

⬇

4. 결과 분석 2: 유의도 검증

3) 연구가설과 가상 데이터

(1) 연구가설

① 연구가설

〈표 11-11〉에서 제시한 변인의 측정과 수, 대응표본의 조건만 충족하는 연구가설이라면 대응표본 t 검증을 사용하여 분석할 수 있다. 이 장에서는 앞에서 제시한 독립변인

〈군대홍보프로그램시청〉과 종속변인 〈군대태도〉 간의 인과관계를 검증한다. 연구가설은 〈군대홍보프로그램 시청에 따라 군대에 대한 태도에 차이가 난다〉이다.

② 변인의 측정
독립변인은 〈군대홍보프로그램시청〉 한 개이고 ① 시청하지 않음, ② 시청함으로 측정한다. 종속변인은 〈군대태도〉 한 개이고, 5점 척도(1점: 매우 싫어함부터 5점: 매우 좋아함까지)로 측정한다.

③ 유의도 수준
유의도 수준을 p < 0.05(또는 α < 0.05)로 정한다. 유의확률이 0.05보다 작으면 연구가설을 받아들이고, 0.05보다 크면 영가설을 받아들인다.

(2) 가상 데이터
이 장에서 분석하는 〈표 11-14〉의 데이터는 필자가 임의적으로 만든 것이어서 표본의 수(10명)가 적고, 결과가 꽤 잘 나오게 만들었다(이 데이터를 사용하여 대응표본 t 검증 프로그램을 실행해 보기 바란다). 그러나 독자들이 실제 연구하는 데이터는 표본의 수도 훨씬 많고, 결과는 이 장에서 제시하는 것만큼 깔끔하게 잘 나오지 않을 수 있다.

〈표 11-14〉 대응표본 t 검증의 가상 데이터

응답자	시청 전 군대태도	시청 후 군대태도
1	2	5
2	1	4
3	1	3
4	3	5
5	1	4
6	1	4
7	2	5
8	1	3
9	1	4
10	2	4

4) SPSS/PC⁺ 실행방법

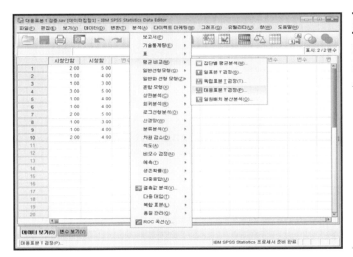

[실행방법 1]

메뉴판의 [분석(A)]을 선택하여 [평균비교(M)]을 클릭하고 [대응표본 T 검정(P)]을 클릭한다.

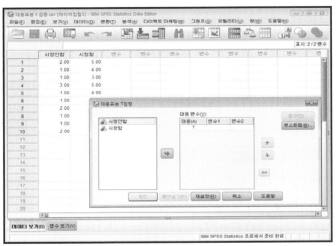

[실행방법 2]

[대응표본 T 검정]창이 나타나면, 분석하고자 하는 변인을 선택하여 왼쪽에서 오른쪽 [대응변수(V)]로 옮긴다(➡).

[실행방법 3]

[대응변수(V)]에 〈시청안함〉과 〈시청함〉을 옮긴 후, 아래의 [확인]을 클릭한다.

[분석결과 1]

분석결과가 새로운 창 *출력결과 1[문서1]로 나타난다. [대응표본 통계량] 표에는 '시청안함'과 '시청함'에 따른 집단의 사례 수(N), 평균 군대태도, 표준편차, 평균의 표준오차가 제시된다. [대응표본 상관계수] 표에는 전체 사례 수와 상관관계 계수가 보이며, 유의확률이 0.05보다 작으면 유의미하다. [대응표본 검정] 표에는 '시청안함'과 '시청함'에 따른 군대태도 평균차와 표준편차, T 값 등이 제시된다.

5) 결과 분석 1: 전제 검증

(1) 대응표본

대응표본 t 검증을 사용하기 위해서는, 〈표 11-3〉에서 봤듯이 시점1과 시점2의 실험처치에 참여하는 사람이 동일한 대응표본(*paired sample*)이어야 한다. 대응표본 t 검증의 예를 들어보자. 〈음주에 따라 교통사고량에 차이가 난다〉는 연구가설을 검증할 때 독립변인 〈음주〉는 ① 음주하지 않음과 ② 음주함 두 유목으로 이루어졌고, 시점1에서 음주하지 않은 상태에서 교통사고량을 측정하고, 시점2에서 음주한 상태에서 교통사고량을 측정한다. 한 시점의 사람과 다른 시점의 사람이 다를 경우 대응표본의 전제가 충족되지 않기 때문에 대응표본 t 검증을 사용할 수 없다.

(2) 유목 간 상관관계

대응표본 t 검증에서 유목 간 점수의 상관관계 계수가 중요한 이유는 변량을 분석할 때 전체 변량 중 개인차(*individual difference*) 때문에 나타나는 설명변량(행간 변량: *between-rows variance*)이 얼마인지를 알 수 있고, 이를 유의도 검증에 반영할 수 있기 때문이다. 현 단계에서 독자는 유목 간(여기서는 두 시점 간) 점수 간의 상관관계 계수는 표본 방법으로 대응표본이 적절했는지를 검증하는 데 필요하다고 이해하면 된다. 연구가설은 대응표본이 적절하다는 것이고, 영가설은 대응표본이 적절하지 않다는 것이다. 상관관계 계수의 유의확률 값이 0.05보다 작다면 연구가설을 받아들여 대응표본이 적절하다고 판단하면 된다. 반면 유의확률 값이 0.05보다 크다면 대응표본이 적절하지 않다고 판단한다. 이 경우 독립표본이 더 적절할 수 있기 때문에 추후 연구에서는 독립표본으로 데이터를 수집하는 것을 생각해야 한다. 두 시점 간 점수의 상관관계 계수는 〈표 11-15〉에 제시

<표 11-15> 유목 간 상관관계 계수

	N(사례 수)	상관계수	유의확률
대응1 시청 전 군대태도	10	0.745	0.013
시청 후 군대태도			

되어 있는데, 상관관계 계수가 '0.745'이고, 유의확률 값이 $p < 0.05$보다 작게 나타나 연구가설을 받아들인다. 즉, 대응표본이 적절했다는 결론을 내린다.

6) 결과 분석 2: 유의도 검증

(1) 평균값

t 연구가설을 검증하기 위해서는 먼저 <표 11-16>에 제시된 두 집단의 평균값을 살펴본다. 대응표본이기 때문에 시점1의 응답자와 시점2의 응답자는 동일한 사람이다. 시점1에서 군대홍보프로그램을 시청하지 않은 사람의 수는 10명이고, 군대에 대한 태도의 평균값은 '1.5'이다. 시점2에서 군대홍보프로그램을 시청한 사람의 수도 10명이고, 이때 군대에 대한 태도의 평균값은 '4.1'이다. 평균값만 갖고 판단하면 군대홍보프로그램을 시청하지 않을 때에 비해 시청할 때 군대에 대해 긍정적 태도를 가지는 것으로 나타났다. 이 표본의 결과가 모집단에도 그대로 나타나는지를 판단하기 위해서 유의도 검증을 실시한다.

<표 11-16> 평균값

시청여부	N(사례 수)	평균	표준편차
대응 1 시청 전 군대태도	10	1.5000	0.70711
시청 후 군대태도	10	4.1000	0.73786

(2) 결과 해석

<군대홍보프로그램 시청에 따라 군대에 대한 태도에 차이가 난다>는 연구가설을 검증한 결과, <표 11-17>에서 보듯이 두 시점 간 평균값의 차이는 '-2.6'이고, t 값은 '-15.922', 자유도 '9', 유의확률 값은 $p < 0.05$보다 작기 때문에 연구자는 군대홍보프로그램 시청여부에 따라 군대에 대한 태도에 차이가 난다는 결론을 내린다. 즉, 군대홍보프로그램을 시청하지 않았을 경우에 군대에 대한 태도는 '1.5'로 낮게 나타났고, 군대홍보프로그램을 시청한 후에 군대에 대한 태도는 '4.1'로 높게 나타난 결과로 판단할 때 군대홍보프로그램 시청은 군대에 대한 긍정적 태도에 영향을 주는 것으로 보인다.

〈표 11-17〉 t 검증 결과

	대응차		t	자유도	유의확률 (양쪽)
	평균	표준편차			
대응1 시청 전 군대태도	-2.60000	0.51640	-15.922	9	0.000
시청 후 군대태도					

7) 유의도 검증의 기본 논리

(1) t 값의 의미

대응표본에서 t 값은 두 시점 간(또는 응답 간)의 평균값의 차이 점수로부터 계산한다. 두 시점 간 평균값의 차이가 클수록 t 값이 커지고, 차이가 작을수록 t 값이 작아진다.

  동일한 사람이 군대홍보프로그램을 시청하지 않았을 경우에 군대에 대한 태도의 평균 값 '1.5'와 시청한 후에 군대에 대한 태도의 평균값 '4.1'의 차이는 '-2.6'인데, 이 차이를 가지고 t 공식에 따라 계산한 t 값이 '-15.922'이다. t 값이 '-15.922'로 '-'가 된 이유는 시점1의 시청하지 않은 때의 평균값보다 시점2의 시청한 때의 평균값이 크기 때문에 두 시점 간의 평균값 차이가 '-'로 나오기 때문이다. 두 시점의 순서를 바꿔서(시점의 순서는 중요하지 않다) 시청한 시점에 속한 사람의 평균값에서 시청하지 않는 시점에 속한 사람의 평균값을 뺀 차이 점수를 계산하면 '+'가 되기 때문에 자연히 t 값은 '+15.922'가 된다. 독립표본 t 검증과 마찬가지로 t 값을 해석할 때 부호는 신경 쓰지 않아도 된다.

(2) 자유도

독립표본 t 검증과 마찬가지로 대응표본 t 검증에서도 t 값을 자유도(degree of freedom)와 함께 해석한다. 자유도는 독자적 정보를 가진 사례 수가 얼마인지를 보여주는 값이다. 대응표본에서는 군대홍보프로그램을 시청하지 않은 사람과 시청한 사람은 시점(시점1과 시점2)만 다를 뿐 동일한 사람으로 10명이다. 따라서 사례 수('10')에서 1을 뺀 '9'가 자유도가 된다.

(3) 유의확률

연구가설의 수용 여부는 유의확률 값을 갖고 최종적으로 판단한다. 자유도 '9', t 값 '-15.99'의 유의확률 값이 $p < 0.05$보다 작은 '0.000'으로 나왔기 때문에 연구자는 연구 가설을 받아들인다. t 분포표를 해석하는 방법은 이미 독립표본 t 검증에서 알아봤기 때문에 여기서는 설명을 생략한다.

8) 결과 분석 3: 상관관계 값

SPSS/PC⁺(20.0) 프로그램의 대응표본 t 검증에서는 독립변인과 종속변인 간의 상관관계 값을 제시하지 않는다. 변인 간의 상관관계 값을 구하고 싶으면 SPSS/PC⁺(20.0) 프로그램의 〈일반선형모형〉 중 〈반복측정〉 프로그램을 실행하면 된다.

대응표본 t 검증과 반복측정ANOVA는 명명척도로 측정된 독립변인과 등간척도(비율척도)로 측정된 종속변인 간의 관계를 분석한다는 점에서 동일하지만, 크게 두 가지 차이가 있다.

첫째, 대응표본 t 검증에서 사용하는 독립변인은 반드시 두 개의 유목으로 측정돼야 하지만, 반복측정ANOVA에서는 독립변인의 유목 수에 제약이 없기 때문에 세 개 이상 여러 개의 유목으로 측정이 돼도 분석이 가능하다. 즉, 대응표본 t 검증에서는 두 시점 간(시점1과 시점2)의 평균값의 차이를 검증하지만, 반복측정ANOVA에서는 여러 시점 간(시점1, 시점2, 시점3, … 시점n)의 평균값의 차이를 검증할 수 있다. 반복측정ANOVA는 대응표본 t 검증을 발전시킨 방법이라고 말할 수 있다.

둘째, 대응표본 t 검증은 두 집단의 평균값의 차이를 통해 인과관계를 분석하지만, 반복측정ANOVA는 변량 개념을 사용하여 분석한다. 반복측정ANOVA를 실행하면 대응표본 t 검증에서 얻은 결과와 동일한 결과를 얻을 수 있을 뿐 아니라 변인 간의 상관관계 값도 구할 수 있기 때문에 대응표본 t 검증보다는 반복측정ANOVA를 사용하는 것이 바람직하다.

4. 일표본 t 검증

1) 정의

일표본 t 검증(*one sample t-test*)은, 〈표 11-18〉에서 보듯이 명명척도로 측정한 한 개의 독립변인과 등간척도(또는 비율척도)로 측정한 한 개의 종속변인 간의 인과관계를 분석하는 방법으로서 독립변인의 유목 수는 두 개여야 한다. 이 조건은 독립표본 t 검증, 대응표본 t 검증과 같다.

일표본 t 검증은 두 검증과는 달리, 〈표 11-4〉에서 봤듯이 연구자가 분석하고 싶은 두 집단 중 한 집단에 대한 기존 연구결과가 있을 때 연구자가 실제 조사한 변인의 평균값을 비교하여 분석하는 방법을 말한다. 일표본 t 검증의 예를 들어보자. 〈지역에 따라 영어성적에 차이가 난다〉는 연구가설에서 독립변인 〈지역〉은 명명척도로 측정된 변인으로서 ① 강남과 ② 강북 두 유목으로 측정하고, 종속변인 〈영어성적〉은 등간척도나 비율 척도로 측정한다고 가정하자. 만일 강남 학생의 영어성적에 대한 기존 연구결과가 있다면 굳이 강남 학생의 영어성적을 다시 조사할 필요가 없고, 강북 학생만 표본으로 선정하여 영어성적을 조사한 후 두 평균값에 차이가 있는지를 비교 분석하면 된다.

일표본 t 검증에서 한 집단의 평균값은 기존 연구결과를 이용하기 때문에 이 집단에 속한 사람에 대한 정확한 정보도 부족할 뿐 아니라 실제 연구하는 집단의 사례 수와는 다르기 때문에 집단의 동질성을 검증할 수 없다. 연구자는 t 연구가설만 검증하면 된다. 일표본 t 검증은 특수한 경우에만 사용하는 방법이라고 생각하면 된다.

〈표 11-18〉 일표본 t 검증의 조건

1. 독립변인
   1) 측정: 명명척도(반드시 2개의 유목으로 측정)
   2) 수: 한 개

2. 종속변인
   1) 측정: 등간척도(또는 비율척도)
   2) 수: 한 개

3. 표본: 일표본

(1) 변인의 측정
일표본 t 검증에서 독립변인은 명명척도로 측정해야 하고, 반드시 두 개의 유목으로 구성돼야 한다. 〈군대홍보프로그램시청〉과 〈군대태도〉의 예를 들면 ① 시청하지 않음과 ② 시청함으로 측정하는데 시청하지 않은 상태에서의 군대에 대한 태도는 기존 연구결과를 그대로 사용한다. 연구자는 시청한 후에 군대에 대한 태도만을 조사한다. 또는 〈음주〉와 〈교통사고량〉의 예를 들면 ① 음주하지 않음과 ② 음주함으로 측정하는데 음주하지 않은 상태에서의 교통사고량은 기존 연구결과를 그대로 사용한다. 연구자는 음주한 후에 교통사고량만을 조사한다.

종속변인은 등간척도(또는 비율척도)로 측정되어야 한다.

(2) 변인의 수
일표본 t 검증에서 사용하는 변인의 수는 독립변인 한 개, 종속변인 한 개여야 한다. 즉, 일표본 t 검증에서 사용하는 변인의 수는 두 개이다.

2) 연구절차

일표본 t 검증의 연구절차는, 〈표 11-19〉에서 제시된 것처럼, 세 단계로 이루어진다.
　첫째, 일표본 t 검증에 적합한 연구가설을 만든다. 변인의 측정과 수, 표본에 유의하여 연구가설을 만든 후 유의도 수준(p < 0.05 또는 p < 0.01)을 정한다.
　둘째, 데이터를 수집하여 입력한 후 SPSS/PC$^+$(20.0)의 대응표본 t 검증을 실행하여 일표본 t 검증에 필요한 결과를 얻는다.
　셋째, 결과 분석의 첫 번째 단계로 연구가설의 유의도를 검증한다. 평균값과 t 값, 자유도, 유의확률 값을 살펴보면서 연구가설의 수용 여부를 판단한다.

〈표 11-19〉 일표본 t 검증의 연구절차

1. 연구가설 제시
　1) 독립변인의 수는 한 개이고, 명명척도로 측정한다 (반드시 유목을 두 개).
　　종속변인의 수는 한 개이고, 등간척도나 비율척도로 측정한다. 변인 간의
　　인과관계를 연구가설로 제시한다
　2) 유의도 수준을 정한다 (p < 0.05, 또는 p < 0.01)

2. 데이터 입력과 프로그램 실행
　1) 데이터를 수집하여 입력한다
　2) 대응표본 t 검증을 실행하여 일표본 t 검증에 필요한 결과를 얻는다

3. 결과 분석 1: 유의도 검증

3) 연구가설과 가상 데이터

(1) 연구가설

① 연구가설
앞에서 제시한 연구가설 〈군대홍보프로그램 시청에 따라 군대에 대한 태도에 차이가 난다〉를 그대로 사용한다.

② 변인의 측정
독립변인은 〈군대홍보프로그램시청〉 한 개이고 ① 시청하지 않음, ② 시청함으로 측정한다. 시청하지 않은 집단의 군대에 대한 태도 평균값은 기존 연구결과를 사용하고, 시청한 집단의 군대에 대한 태도 평균값은 실제 표본을 선정하여 조사를 실시한다. 종속변인은 〈군대태도〉 한 개이고, 5점 척도(1점은 매우 싫어함부터 5점은 매우 좋아함까지)

로 측정한다.

③ 유의도 수준

유의도 수준을 $p < 0.05$(또는 $\alpha < 0.05$)로 정한다. 유의확률이 0.05보다 작으면 연구가설을 받아들이고, 0.05보다 크면 영가설을 받아들인다.

(2) 가상 데이터

이 장에서 분석하는 〈표 11-20〉의 데이터는 필자가 임의적으로 만든 것이어서 표본의 수(10명)가 적고, 결과가 꽤 잘 나오게 만들었다(이 데이터를 사용하여 대응표본 t 검증 프로그램을 실행해 보기 바란다). 그러나 독자들이 실제 연구하는 데이터는 표본의 수도 훨씬 많고, 결과는 이 장에서 제시하는 것만큼 깔끔하게 잘 나오지 않을 수 있다.

〈표 11-20〉 일표본의 가상 데이터

응답자	시청 전 군대태도(기존 연구결과)	시청 후 군대태도(실제 연구)
1		5
2		4
3		3
4		5
5	1.5	4
6		4
7		5
8		3
9		4
10		4

178

4) SPSS/PC⁺ 실행방법

메뉴판의 [분석(A)]을 선택하여 [평균비교(M)]을 클릭하고 [일표본 T 검정(S)]을 클릭한다.

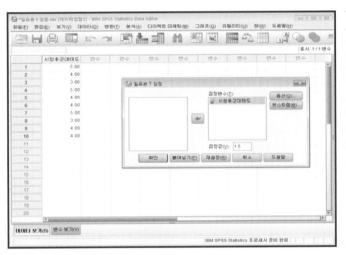

[일표본 T 검정]창이 나타나면, 분석하고자 하는 변인을 선택하여 왼쪽에서 오른쪽 [검정변수(T)]로 옮긴다(➡). 아래의 [검정값(V)]에 검정변인과 비교하고자 하는 평균값(기존연구 결과: 군대태도 1.5)을 입력한다. 아래의 [확인]을 클릭한다.

분석결과가 새로운 창에 *출력결과1[문서1]로 나타난다. [일표본 통계량] 표에는 '홍보시청'에 따른 사례 수(N), 평균 군대태도, 표준편차, 평균의 표준오차가 제시된다. [일표본 검정] 표에는 기존연구 결과의 평균값과 실제 연구결과의 평균값을 비교한 결과가 제시된다.

5) 결과 분석 1: 유의도 검증

(1) 평균값

t 연구가설을 검증하기 위해서는 먼저 〈표 11-21〉에 제시된 두 집단의 평균값을 살펴본다. 군대홍보프로그램을 시청하지 않은 사람의 군대에 대한 태도의 평균값(기존 연구결과)은 '1.5'이다. 반면 군대홍보프로그램을 시청한 사람의 수는 10명이고, 이들의 군대에 대한 태도의 평균값(실제 연구결과)은 '4.1'이다. 기존 연구결과에서 표본의 수는 실제 연구한 10명과 맞추기 위해 10명으로 제시되며, 표준편차는 계산할 수 없기 때문에 빈 칸으로 제시된다.

평균값만 갖고 결과를 판단할 때 군대홍보프로그램을 시청한 사람이 시청하지 않은 사람에 비해 군대에 대해 긍정적인 태도를 가지는 것으로 나타났다. 여기서 나타난 두 집단의 평균값 '1.5'와 '4.1'이 모집단에서도 그대로 나타나는지 판단하기 위해서 유의도를 검증한다.

〈표 11-21〉 평균값

시청 여부	N(사례 수)	평균	표준편차
대응 1 시청 전 군대태도	10	1.5000	0.73786
시청 후 군대태도	10	4.1000	

(2) 결과 해석

〈군대홍보프로그램 시청에 따라 군대에 대한 태도에 차이가 난다〉는 연구가설을 검증한 결과, 〈표 11-22〉의 값들을 살펴보면 두 평균값의 차이는 '2.6'이고, t 값은 '11.143', 자유도는 '9', 유의확률(양쪽) 값은 0.05보다 작기 때문에 연구자는 군대홍보프로그램 시청이 군대에 대한 태도에 영향을 미친다는 결론을 내린다. 군대홍보프로그램을 시청하지 않은 사람의 군대에 대한 태도(기존 연구결과)는 '1.5'로 낮게 나타났고, 군대홍보프로그램을 시청한 사람의 군대에 대한 태도(실제 연구결과)는 '4.1'로 높게 나타난 결과로 판단할 때 군대홍보프로그램 시청은 군대에 대한 긍정적인 태도에 영향을 주는 것으로 보인다.

〈표 11-22〉 일표본 검증 결과

	검증값 = 1.5			
	t	자유도	유의확률(양쪽)	평균차
대응1 시청 전 군대태도	11.143	9	0.000	2.60000
시청 후 군대태도				

6) 유의도 검증의 논리

일표본에서 t 값의 유의도 검증 논리는 앞에서 살펴본(전제 검증은 할 수 없고, 결과를 얻기 위해 대응표본 t 검증 프로그램을 실행하지만) 독립표본 t 검증 논리와 같기 때문에 여기서는 설명을 생략한다.

5. 양방향과 일방향 검증 비교

연구자가 연구가설을 만들 때 방향을 어떻게 부여하느냐에 따라 양방향(또는 양쪽, *two tail*) 검증, 또는 일방향(또는 한쪽, *one tail*) 검증이 결정된다. 양방향 검증이냐, 일방향 검증이냐에 따라 연구가설 형태와 가설 검증 방법이 달라진다. 〈성별〉과 〈텔레비전시청시간〉 간의 인과관계를 분석한다고 가정하고 양방향 검증과 일방향 검증의 차이를 알아보자.

양방향 검증의 연구가설은 크게, 또는 작게(많게, 또는 적게)와 같이 방향이 설정되어 있지 않고, 단순히 차이가 난다고 서술한다. 따라서 〈성별〉과 〈텔레비전시청시간〉 간의 인과관계를 양방향 연구가설로 만들면 〈성별에 따라 텔레비전시청시간에 차이가 난다〉가 된다. 이 연구가설에는 〈성별〉 두 집단(① 남성, ② 여성) 간에 남성이 여성보다, 또는 여성이 남성보다 더 많게, 또는 더 적게 텔레비전을 시청한다는 방향이 설정되어 있지 않다. 남성과 여성 간 텔레비전시청시간에 차이가 난다(많든지, 적든지에 상관없이)라고만 했기 때문에 한 집단이 다른 집단과 차이만 나면(많아도, 또는 적어도) 연구가설이 검증된다.

양방향 검증을 그림으로 설명하면 〈그림 11-2〉와 같다. 남성과 여성 간 텔레비전시청시간에 차이가 난다고 했기 때문에 두 집단 간 평균값의 차이로부터 구한 t 값이 t 분포 곡선의 빗금 친 왼쪽(작은 쪽)이나 오른쪽(큰 쪽) 중 어느 쪽에 위치해도 연구가설을 받아들인다.

그러나 일방향 검증의 연구가설은 크게, 또는 작게(많게, 또는 적게)와 같이 방향이 설정되어 있다. 따라서 〈성별〉과 〈텔레비전시청시간〉 간의 인과관계를 일방향 연구가설로 만들면 〈남성이 여성보다 텔레비전을 더 많이 시청한다〉, 또는 〈여성이 남성보다 텔레비전을 더 시청한다〉가 된다. 이 연구가설에는 〈성별〉 두 집단 간에 방향이 설정되어 있기 때문에 결과가 한 방향대로 나와야(많거나 적거나) 연구가설이 검증된다.

일방향 검증을 그림으로 설명하면 〈그림 11-3〉과 같다. 〈남성이 여성에 비해 텔레비전을 더 많이 시청한다〉는 일방향 연구가설을 정했다면 t 값이 t 분포 곡선의 오른쪽 빗

〈그림 11-2〉 양방향 검증

〈그림 11-3〉 일방향 검증

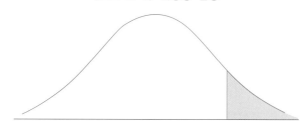

금 친 영역에 속해야 연구가설이 검증된다. t 값이 왼쪽 빗금 친 영역에 속한다면(차이
는 존재하지만) 연구가설이 부정된다. 반면 〈여성이 남성에 비해 텔레비전을 더 시청한
다〉는 일방향 연구가설을 정했다면 t 값이 t 분포 곡선의 왼쪽 빗금 친 부분에 속해야 연
구가설이 검증된다. t 값이 오른쪽 빗금 친 영역에 속한다면 연구가설이 부정된다.

　t 검증에서 연구가설 검증은 양방향과 일방향 검증이 가능한데 양방향 검증이 기본이
다. t 분포표에서 〈양방적 검증에서의 유의수준〉이라는 말은 연구가설을 양방향으로 검
증한다는 의미고, 〈일방적 검증에서의 유의수준〉라는 말은 일방향 검증이라는 의미다.

6. t 검증 논문작성법

1) 독립표본 t 검증

(1) 연구절차

① 독립표본 t 분석에 적합한 연구가설을 만든다

연구가설	독립변인		종속변인	
	변 인	측 정	변 인	측 정
성별에 따라 텔레비전시청시간에 차이가 나타난다	성 별	(1) 여성 (2) 남성	텔레비전 시청시간	실제 시청시간(분)

② 유의도 수준을 정한다: $p < 0.05$ (95%) 또는 $p < 0.01$ (99%) 중 하나를 결정한다

③ 표본을 선정하여 데이터를 수집한 후 컴퓨터에 입력한다

④ SPSS/PC$^+$ 프로그램 중 독립표본 t 분석을 실행한다

(2) 연구결과 제시 및 해석방법

① 변량의 동질성 검증: Levene 검증 (논문에서 제시하지 않는다)

연구가설: P1 ≠ P2
영 가 설: P1 = P2

① Levene 검증을 통해 결과가 유의미하게 나와 연구가설을 받아들이면 즉, 두 모집 단이 다르면, 결과에서 〈등분산이 가정되지 않음〉에 제시된 t 값을 해석한다.
② Levene 검증을 통해 결과가 유의미하지 않게 나와 영가설을 받아들이면 즉, 두 모 집단이 같으면, 결과에서 〈등분산이 가정됨〉에 제시된 t 값을 해석한다.

② t 연구결과를 표로 제시한다
프로그램을 실행하여 얻은 결과를 〈표 11-16〉과 같이 만든다.

〈표 11-23〉 성별과 텔레비전시청시간의 차이

집 단	사례 수	평 균	표준편차	t 값	df	유의확률
여 성	120	51.5	13.8	1.542	248	0.04
남 성	130	42.5	14.9			

③ t 표를 해석한다

가. 유의도 검증결과 쓰는 방법

〈표 11-23〉에서 보듯이 성별과 텔레비전시청시간 간에는 통계적으로 유의미한 차이가 있는 것으로 나타났다(t = 1.542, df = 248, p < 0.05). 즉, 남성은 하루 평균 약 43분 정도, 여성은 약 52분 정도 텔레비전을 시청하는 것으로 나타나 여성이 남성보다 텔레비전을 더 많이 시청하는 경향이 있다.

나. 상관관계(t 분석에서는 구할 수 없음)

t 분석 결과표에서는 변인 간의 상관관계 값을 제시하지 않기 때문에 논문에서 제시하고, 해석할 수 없다. 변인 간의 상관관계 값을 구하려면 ANOVA 분석을 하여 에타(eta)를 구해야 한다. ANOVA 분석을 하기 위해서는 SPSS/PC+ 프로그램 중 〈일반선형모형 → 일변량〉을 실행하면 된다. 따라서 t를 실행하는 것보다는 ANOVA를 실행하는 것이 바람직하다.

2) 대응표본 t 검증

(1) 연구절차

① 대응표본 t 분석에 적합한 연구가설을 만든다

연구가설	독립변인		종속변인	
	변인	측정	변인	측정
한국 드라마 시청에 따라 한국에 대한 이미지에 차이가 나타난다	한국 드라마 시청 여부	(1) 시청 전 (2) 시청 후	한국에 대한 이미지	부정에서부터 긍정까지 100점으로 측정

② 유의도 수준을 정한다: p < 0.05(95%) 또는 p < 0.01(99%) 중 하나를 결정한다

③ 표본을 선정하여 데이터를 수집한 후 컴퓨터에 입력한다

④ SPSS/PC⁺ 프로그램 중 대응표본 t 분석을 실행한다

(2) 연구결과 제시 및 해석방법

① t 연구결과를 표로 제시한다
프로그램을 실행하여 얻은 결과를 〈표 11-24〉와 같이 만든다.

〈표 11-24〉 한국 드라마시청 전후 한국 이미지 차이

집 단	사례 수	평균	표준편차	t 값	df	유의확률
시청 전	120	67.2	23.8	-3.310	119	0.007
시청 후	120	92.0	23.7			

② t 표를 해석한다
〈표 11-24〉에서 보듯이 한국 드라마 시청과 한국에 대한 이미지 간에는 통계적으로 유의미한 차이가 있는 것으로 나타났다($t = -3.310$, $df = 119$, $p < 0.05$). 즉, 한국 드라마를 시청하기 전에 한국에 대한 이미지는 67.2점으로 나타났고, 한국 드라마를 시청한 후에 한국에 대한 이미지는 92점으로 나타났다. 이 결과로 판단할 때, 한국 드라마 시청이 한국에 대한 긍정적 이미지 형성에 상당한 영향력을 주는 것으로 보인다.

3) 일표본 t 검증

(1) 연구절차

① 일표본 t 분석에 적합한 연구가설을 만든다

연구가설 예	독립변인		종속변인	
	변인	측정	변인	측정
국가와 신문구독시간 간에는 관계가 있다	국가	(1) 한국 (2) 미국	신문구독시간	실제 구독시간(분)

② 유의도 수준을 정한다: $p < 0.05$ (95%) 또는 $p < 0.01$ (99%) 중 하나를 결정한다

③ 표본을 선정하여 데이터를 수집한 후 컴퓨터에 입력한다

④ SPSS/PC⁺ 프로그램 중 일표본 t 분석을 실행한다

(2) 연구결과 제시 및 해석방법

① t 연구결과를 표로 제시한다
프로그램을 실행하여 얻은 결과를 〈표 11-25〉와 같이 만든다.

〈표 11-25〉 국가 간 신문구독시간의 차이

집 단	사례 수	평 균	표준편차	t 값	df	유의확률
한국	120	88.2	23.8	-2.330	119	0.007
미국	120	95.0				

② t 표를 해석한다
〈표 11-25〉에서 보듯이 국가와 신문구독시간 간에는 통계적으로 유의미한 차이가 있는 것으로 나타났다($t = -2.330$, $df = 119$, $p < 0.05$). 즉, 한국 사람의 평균 신문구독시간은 88.2분으로 나타났고, 미국 사람의 평균 신문구독시간은 95분으로 나타났다. 이 결과를 볼 때, 미국 사람은 한국 사람보다 신문을 더 많이 읽는 것으로 보인다.

참고문헌

오택섭·최현철 (2003), 《사회과학 데이터 분석법 ①》, 나남.

최현철·김광수 (1999), 《미디어연구방법》, 한국방송대학교 출판부.

Hastie, T. et al. (1975), *The Elements of Statistical Learning*. Springer Verlag.

Kerlinger, F. N. (1973), *Foundations of Behavioral Research* (2nd ed.), New York: Holt, Rinehart and Winston.

Lomax, R. G., & Hahs-Vaughn, D. L. (2012), *An Introduction to Statistical Concepts* (3rd ed.), New York, NY: Routledge.

Nie, N. H. et al. (1975), *SPSS: Statistical Package for the Social Sciences* (2nd ed.), New York: McGraw-Hill Book Company.

Norusis, M. J. (2000), *SPSS 10.0 Guide to Data Analysis* (Book and Disk ed.), Prentice Hall.

Pallant, J. (2001), *SPSS Survival Manual: A Step By Step Guide to Data Analysis Using SPSS for Windows* (Version 10) (1st ed.), Open Univ Pr.

Reinard, J. C. (2006), *Communication Research Statistics*, Thousand Oaks, CA: Sage.

연습문제

주관식

1. 독립표본 t 검증(*independent sample t-test*)의 목적을 설명하시오.

2. 독립표본 t 검증 프로그램을 실행해 보시오.

3. 집단의 동질성 검증의 의미를 생각해 보시오.

4. 대응표본 t 검증(*paired sample t-test*)의 목적을 설명하시오.

5. 대응표본 t 검증 프로그램을 실행해 보시오.

6. 일방향(*one tail*) 검증과 양방향(*two tail*) 검증을 비교하여 설명해 보시오.

객관식

1. 독립표본(*independent sample*)에 대한 설명 중 맞는 것을 고르시오.
   ① 동일한 사람이 두 시점에 각각 다른 실험처치를 받도록 표본을 할당한다
   ② 한 집단에 속한 사람이 다른 집단에도 속하도록 표본을 할당한다
   ③ 동일한 사람이 각각 다른 응답을 하도록 표본을 할당한다
   ④ 한 집단에 속한 사람이 다른 집단에 속하지 않도록 표본을 할당한다

2. 독립표본 t 검증에 대한 설명 중 틀린 것을 고르시오.
   ① 두 집단의 평균값을 비교하여 가설을 검증한다
   ② 독립표본 t 검증을 하기 전에 반드시 집단의 동질성 검증을 해야 한다
   ③ 독립변인의 수는 두 개여야 한다
   ④ 종속변인은 등간척도(또는 비율척도)로 측정해야 한다

3. 독립표본 t 검증에 대한 설명 중 맞는 것을 고르시오.
   ① 집단의 동질성 검증 결과 유의미하면(즉, 표본이 다른 모집단에서 추출되었다면), 등분산이 가
      정됨에 제시된 t 값을 해석해야 한다
   ② 집단의 동질성 검증 결과 유의미하면(즉, 표본이 다른 모집단에서 추출되었다면), 결과를 해석
      할 수 없다
   ③ 집단의 동질성 검증 결과 유의미하지 않으면(즉, 표본이 같은 모집단에서 추출되었다면), 등분
      산이 가정되지 않음에 제시된 t 값을 해석해야 한다
   ④ 집단의 동질성 검증 결과 유의미하지 않으면(즉, 표본이 같은 모집단에서 추출되었다면), 등분
      산이 가정됨에 제시된 t 값을 해석해야 한다

4. 〈성별〉이 〈텔레비전시청시간〉에 영향을 준다는 가설을 검증하기 위해 독립표본 t 검
   증을 한 결과, 자유도는 28, t 값은 8.90, 유의확률은 0.01로 유의미하다고 나왔을
   때 두 변인 간의 설명 중 맞는 것을 고르시오.
   ① 〈성별〉에 〈텔레비전시청시간〉에 차이가 없다는 결론을 내린다
   ② 〈성별〉과 〈텔레비전시청시간〉 간의 상관관계는 크다는 결론을 내린다
   ③ 〈성별〉에 따라 〈텔레비전시청시간〉에 차이가 난다는 결론을 내린다
   ④ 〈성별〉과 〈텔레비전시청시간〉 간의 상관관계는 작다는 결론을 내린다

5. 대응표본(paired sample)에 대한 설명 중 맞는 것을 고르시오.
   ① 동일한 사람이 세 시점에 각각 다른 실험처치를 받도록 표본을 할당한다
   ② 동일한 사람이 두 시점에 각각 다른 실험처치를 받도록 표본을 할당한다
   ③ 한 집단에 속한 사람만 조사하도록 표본을 할당한다
   ④ 한 집단에 속한 사람이 다른 집단에 속하지 않도록 표본을 할당한다

6. 대응표본 t 검증에 대한 설명 중 틀린 것을 고르시오.
   ① 두 시점의 평균값을 비교하여 가설을 검증한다
   ② 대응표본 t 검증을 하기 전에 반드시 집단의 동질성 검증을 해야 한다
   ③ 독립변인의 수는 한 개여야 한다
   ④ 종속변인은 등간척도(또는 비율척도)로 측정해야 한다

7. 〈텔레비전광고시청여부〉가 〈구매욕구〉에 영향을 준다는 가설을 검증하기 위해 대응 표본 t 검증을 한 결과, 자유도는 29, t 값은 1.20, 유의확률은 0.09로 유의미하지 않게 나왔을 때 두 변인 간의 설명 중 맞는 것을 고르시오.
   ① 〈텔레비전광고시청여부〉와 〈구매욕구〉 간의 상관관계는 작다는 결론을 내린다
   ② 〈텔레비전광고시청여부〉와 〈구매욕구〉 간의 상관관계는 크다는 결론을 내린다
   ③ 〈텔레비전광고시청여부〉에 따라 〈구매욕구〉에 차이가 난다는 결론을 내린다
   ④ 〈텔레비전광고시청여부〉가 〈구매욕구〉에 영향을 미치지 않는다는 결론을 내린다

해답: p. 262

일원변량분석(*one-way ANOVA*) • 12

이 장에서는 명명척도로 측정한 한 개의 독립변인(유목의 수에 제한이 없음)과 등간척도 (또는 비율척도)로 측정한 한 개의 종속변인 간의 인과관계를 분석하는 일원변량분석 (*one-way ANOVA*)을 살펴본다.

1. 정 의

일원변량분석(*one-way ANOVA*)은, 〈표 12-1〉에서 보듯이 명명척도로 측정한 한 개의 독립변인과 등간척도(또는 비율척도)로 측정한 한 개의 종속변인 간의 인과관계를 분석하는 통계방법이다. 독립변인을 구성하는 유목(집단)의 수에는 제한이 없다. 제11장에서 살펴 본 독립표본 t 검증방법은 독립변인을 구성하는 유목의 수가 반드시 두 개여야 분석이 가능하기 때문에 유목의 수가 두 개보다 많은 경우에 사용할 수 없어 불편했는데,

〈표 12-1〉 일원변량분석의 조건

1. 독립변인
   1) 측정: 명명척도(유목 수에 대한 제한이 없다)
   2) 수: 한 개
   3) 명칭: 요인이라고 부른다

2. 종속변인
   1) 측정: 등간척도 (또는 비율척도)
   2) 수: 한 개

191

일원변량분석은 이 문제를 해결한 것이다. 예를 들면, 일원변량분석에서는 독립변인으로 〈성별〉처럼 ① 남성과 ② 여성 두 유목으로 구성된 변인을 사용할 수 있고, 〈지역〉처럼 ① 동부, ② 서부, ③ 남부, ④ 북부 네 유목으로 구성돼도 사용할 수 있다. 일원변량분석에서는 명명척도로 측정한 독립변인을 요인(factor)이라고 부른다.

일원변량분석을 사용하기 위한 조건을 알아보자.

1) 변인의 측정

일원변량분석에서 독립변인은 명명척도로 측정해야 하고, 유목(집단)의 수는 두 개 이상으로 그 수에 제한이 없다. 예를 들면, 일원변량분석에서 독립변인은 〈성별〉과 같이 ① 남성과 ② 여성 두 개의 유목으로 측정해도 사용할 수 있고, 〈종교〉처럼 ① 기독교와 ② 천주교, ③ 불교, ④ 원불교 네 개의 유목으로 측정해도 사용할 수 있다.

본래 명명척도는 아니지만 명명척도로 측정한 변인처럼 취급하는 변인도 독립변인으로 사용할 수 있다. 예를 들어 〈교육〉(① 중학교 졸업, ② 고등학교 졸업, ③ 대학교 졸업)은 독립변인으로 사용할 수 있다.

종속변인은 등간척도(또는 비율척도)로 측정되어야 한다.

2) 변인의 수

일원변량분석에서 사용하는 변인의 수는 독립변인 한 개, 종속변인 한 개여야 한다. 즉, 일원변량분석에서 사용되는 변인의 수는 두 개다.

연구자가 두 개 이상의 독립변인과 한 개의 종속변인 간의 인과관계를 분석하고 싶을 때에는 일원변량분석으로는 불가능하며 다원변량분석(n-way ANOVA)을 사용해야 한다. 예를 들어 독립변인 〈성별〉, 〈교육〉과 종속변인 〈텔레비전시청시간〉 간의 인과관계를 분석하기 위해서는 다원변량분석을 사용해야 한다.

2. 연구절차

일원변량분석의 연구절차는, 〈표 12-2〉에 제시된 것처럼, 여섯 단계로 이루어진다.

첫째, 일원변량분석에 적합한 연구가설을 만든다. 변인의 측정과 수, 표본 할당에 유의하여 연구가설을 만든 후 유의도 수준($p < 0.05$ 또는 $p < 0.01$)을 정한다.

둘째, 데이터를 수집하여 입력한 후 SPSS/PC⁺(20.0)의 일원변량분석을 실행하여 분석에 필요한 결과를 얻는다.

셋째, 결과 분석의 첫 번째 단계로 독립표본과 집단의 동질성을 검증한다. 집단의 동질성 검증 결과에 따라 일원변량분석의 사용 여부가 결정되기 때문에 연구가설을 검증하기 전에 반드시 이 전제를 검증해야 한다.

넷째, 결과 분석의 두 번째 단계로 연구가설의 유의도 검증을 한다. 평균값과 집단 내 변량, 집단 간 변량, F 값, 자유도, 유의확률 값을 살펴보면서 연구가설의 수용 여부를 판단한다.

다섯째, 결과 분석의 세 번째 단계로 집단 간 차이를 사후 검증한다. 연구가설이 유의미할 경우, 집단 간의 차이를 사후 분석하여 어느 집단과 어느 집단이 차이가 나는지를 검증한다. 연구가설이 유의미하지 않을 경우에는 집단 간 차이를 사후 검증하지 않는다.

여섯째, 결과 분석 네 번째 단계로 상관관계 값을 해석한다. 연구가설이 유의미할 경우, 변인 간의 상관관계 값인 에타(E) 제곱을 해석한다. 그러나 연구가설이 유의미하지 않을 경우에는 변인 간의 상관관계 값을 해석하지 않는다.

〈표 12-2〉 일원변량분석의 연구절차

1. 연구가설 제시
   1) 독립변인의 수는 한 개이고, 명명척도로 측정한다(유목의 수에 제한이 없음). 종속변인의 수는 한 개이고, 등간척도나 비율척도로 측정한다. 변인 간의 인과관계를 연구가설로 제시한다
   2) 유의도 수준을 정한다 ($p < 0.05$ 또는 $p < 0.01$)

⬇

2. 데이터 입력과 프로그램 실행
   1) 데이터를 수집하여 입력한다
   2) 일원변량분석을 실행하여 분석에 필요한 결과를 얻는다

⬇

3. 결과 분석 1: 전제 검증
   1) 독립표본
   2) 집단의 동질성 검증

⬇

4. 결과 분석 2: 유의도 검증

⬇

5. 결과 분석 3: 집단 간 차이 사후 검증

⬇

6. 결과 분석 4: 상관관계 값 (에타) 해석

3. 연구가설과 가상 데이터

1) 연구가설

(1) 연구가설
일원변량분석의 연구가설은 〈표 12-1〉에서 제시한 변인의 측정과 수의 조건만 충족한다면 무엇이든 가능하다. 이 장에서는 독립변인 〈거주지역〉과 종속변인 〈문화비지출〉 간의 인과관계가 있는지를 검증한다고 가정하자. 연구가설은 〈거주지역이 문화비지출에 영향을 미친다〉이다.

(2) 변인의 측정
독립변인은 〈거주지역〉한 개이고 ① 대도시, ② 중소도시, ③ 농촌 세 유목으로 측정한다. 종속변인은 〈문화비지출〉한 개이고, 실제 지출비용을 만 원 단위로 측정한다.

(3) 유의도 수준
유의도 수준을 $p < 0.05$(또는 $\alpha < 0.05$)로 정한다. 유의확률이 0.05보다 작으면 연구가설을 받아들이고, 0.05보다 크면 영가설을 받아들인다.

2) 가상 데이터

이 장에서 분석하는 〈표 12-3〉의 데이터는 필자가 임의적으로 만든 것이어서 표본의 수 (30명)가 적고, 결과가 꽤 잘 나오게 만들었다(이 데이터를 사용하여 일원변량분석 프로그램을 실행해 보기 바란다). 그러나 독자가 실제 연구하는 데이터는 표본의 수도 훨씬 많고, 결과는 이 장에서 제시하는 것만큼 깔끔하게 나오지 않을 수 있다.

<표 12-3> 일원변량분석의 가상 데이터

응답자	대도시	문화비지출	응답자	중소도시	문화비지출	응답자	농 촌	문화비지출
1	1	30	11	2	10	21	3	5
2	1	20	12	2	15	22	3	2
3	1	15	13	2	15	23	3	2
4	1	20	14	2	10	24	3	10
5	1	20	15	2	10	25	3	5
6	1	20	16	2	15	26	3	5
7	1	30	17	2	10	27	3	5
8	1	15	18	2	10	28	3	5
9	1	30	19	2	20	29	3	10
10	1	10	20	2	15	30	3	5

4. SPSS/PC$^+$ 실행방법

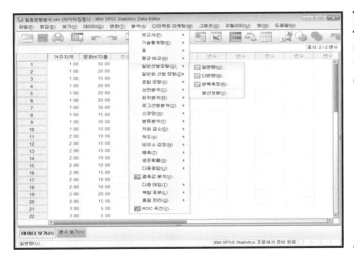

[실행방법 1]

메뉴판의 [분석(A)]에서 [일반선형모형(G)]을 클릭하고 [일변량(U)]을 클릭한다.

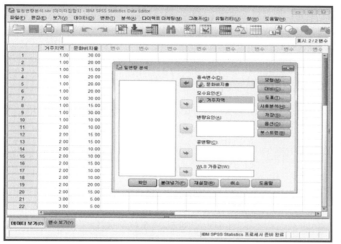

[실행방법 2]

[일변량 분석]창이 나타나면, 종속변인인 〈문화비지출〉을 클릭하여 [종속변수(D)]로 옮긴다(➡). 독립변인인 〈거주지역〉은 [모수요인(F)]으로 이동시킨다(➡). 집단이 세 집단 이상일 경우, [사후분석(H)]를 클릭한다.

[실행방법 3]

[일변량: 관측평균의 사후분석 다중비교]창이 나타나면, [요인(F)]의 〈거주지역〉을 클릭하여 [사후검정변수(P)]로 옮긴다. [등분산을 가정함]에서 [☑Scheffe(C)]를 선택한다. 아래의 [계속]을 클릭한다.

[실행방법 4]

[실행방법 2]의 [일변량분석] 창으로 돌아가 [옵션(O)]를 클릭한다. 일변량: 옵션]창이 나타나면, [표시]의 [☑ 기술통계량(D)], [☑ 효과크기 추정값(E)], [☑ 동질성 검정(H)]를 선택한다. 아래의 [계속]을 클릭한다. [실행방법 2]의 [일변량분석] 창으로 다시 돌아가 아래의 [확인]을 클릭한다.

[분석결과 1]

분석결과가 새로운 창에 *출력결과1[문서1]로 나타난다. [개체 간 요인] 표에는 독립변인의 변수값 설명과 사례 수가 제시된다. [기술통계량] 표에는 독립변인의 집단에 따른 종속변인의 평균, 표준편차, 사례 수가 각각 제시된다.

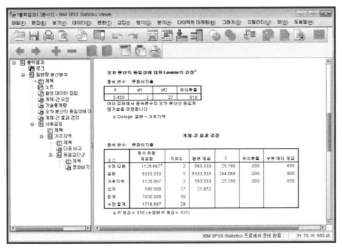

[분석결과 2]

[오차 분산의 동일성에 대한 Levene의 검정]에는 집단의 동질성에 대한 결과가 제시된다. [개체 간 효과 검정] 표에는 독립변인과 종속변인의 일원변량 분석 결과가 제시된다. 〈수정모형〉의 F 값, 자유도, 유의확률, 부분 에타 제곱의 수치를 살펴보면 된다.

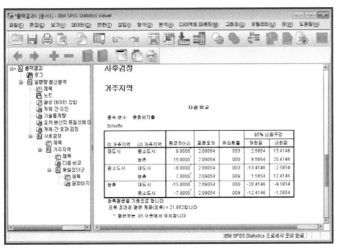

[분석결과 3]

[실행방법 3]에서 설정한 사후검정 결과가 [다중 비교] 표에 제시된다. [다중 비교] 표의 〈평균차(I − J)〉의 *표는 두 집단 간 차이가 유의함을 나타낸다.

[분석결과 4]

사후검정 (Scheffe)의 결과 [동일
집단군] 표가 제시된다. [분석결
과 3]의 결과를 다른 방식으로 제
시한다.

5. 결과 분석 1: 전제 검증

1) 독립표본

독립표본은 독립표본 t 검증방법에서 살펴봤기 때문에 여기서는 간략하게 설명한다. 일
원변량분석도 독립표본 t 검증방법과 마찬가지로 표본을 할당할 때 한 집단에 속한 사람
이 다른 집단에 속하지 않게 해야 한다. 예를 들어 〈종교〉가 ① 기독교, ② 천주교, ③
불교 세 유목으로 구성될 경우 기독교 집단에 속한 사람은 천주교 집단에 속할 수 없고,
기독교와 천주교 집단에 속한 사람은 불교 집단에 속할 수 없게 표본을 할당한다.

2) 집단의 동질성 검증

일원변량분석에서는 독립표본 t 검증과 마찬가지로 각 집단을 독립적으로 추출하는데,
〈그림 12-1〉에서 보듯이 (a) 처럼 개별 집단이 같은 모집단으로부터 추출되었는지, 또
는 (b) 처럼 개별 집단이 다른 모집단들로부터 추출되었는지를 알 수 없기 때문에 연구
가설을 검증하기 전에 집단의 동질성을 검증해야 한다. 개별 집단이 같은 모집단에서
추출되었는지의 여부는 개별 집단에서 구한 오차변량(error variance)을 비교하여 이루어
지기 때문에 오차변량의 동질성(homogeneity of error variance) 검증이라고 부른다.

SPSS/PC⁺(20.0) 프로그램이 개별 집단 간의 오차변량을 비교한 값(Levene 검증의 F
값과 자유도, 유의확률)을 계산해 주기 때문에 변량 개념과 변량들의 비교가 무엇인지를
잘 이해하지 못해도 걱정할 필요가 없다. 변량 개념은 뒤에서 살펴본다. 개별 집단이

같은 모집단으로부터 추출되었는지를 판단하기 위해 Levene의 오차변량의 동질성 검증을 실시한다.

〈표 12-4〉에서 보듯이 개별 집단이 같은 모집단에서 나왔는지를 검증하기 위한 연구가설은 개별 집단의 오차변량이 다르다는 것이고, 영가설은 개별 집단의 오차변량이 같다는 것이다. Levene의 검증 결과 오차변량이 동질적이라면(즉, 영가설을 받아들여 개별 집단이 같은 모집단으로부터 추출되었다고 판단한다), 일원변량분석을 사용하여 연구가설을 검증한다. 그러나 오차변량이 동질적이지 않을 때에는(즉, 연구가설을 받아들여 개별 집단이 다른 모집단으로부터 추출되었다고 판단한다), 개별 집단의 사례 수가 동일한지에 따라 달라진다. 만일 개별 집단의 사례 수가 같다면 오차변량이 동질적이지 않더라도 일원변량분석을 사용할 수 있다. 오차변량의 동질성 여부와 관계없이 일원변량분석을

〈그림 12-1〉 세 집단과 모집단과의 관계

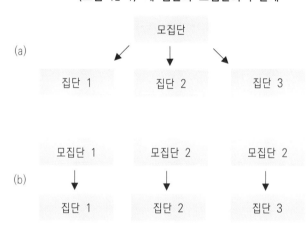

〈표 12-4〉 오차변량의 동질성 검증

연구가설: 개별 집단의 오차변량이 다르다 (즉, 개별 집단이 추출된 모집단이 다르다)
영가설: 개별 집단의 오차변량이 같다 (즉, 개별 집단이 추출된 모집단이 같다)
유의도 수준: $p < 0.05$

1. 오차변량이 동질적일 경우(영가설을 받아들여 여러 집단이 같은 모집단으로부터 추출되었다고 판단함)에는 일원변량분석을 사용하여 연구가설을 검증한다

2. 오차변량이 동질적이지 않은 경우 (연구가설을 받아들여 여러 집단이 다른 모집단으로부터 추출되었다고 판단함)
   1) 각 집단의 사례 수가 같으면 일원변량분석을 사용할 수 있다
   2) 각 집단의 사례 수가 다르면 일원변량분석을 사용할 수 없다. 이때에는 비모수통계방법(예를 들면, χ^2 등)을 사용해야 한다

<표 12-5> Levene 오차변량의 동질성 검증

F	df1	df2	유의확률
5.455	2	27	0.010

사용하고 싶다면 반드시 각 집단의 사례 수를 같게 해야 한다. 그러나 오차변량이 동질
적이지도 않고, 각 집단의 사례 수도 다르다면 일원변량분석을 사용해서는 안 된다. 이
경우에는 χ^2과 같은 비모수통계방법을 사용해야 한다.

　오차변량의 동질성을 검증하기 위해서는 〈표 12-5〉에서 제시된 〈오차변량의 동질성에
대한 Levene의 검증〉에 제시된 결과를 보고 판단한다. Levene의 오차변량의 동질성 검
증은 F 값과 자유도, 유의확률 값으로 판단한다(F 값의 의미는 뒤에서 설명한다). F 값은
오차변량의 동질성 검증을 위해 여러 집단의 오차변량을 비교하여 계산한 값이라고 알아
두면 된다. 유의확률 값은 F 값이 유의미한지를 보여준다. 즉, 유의확률에 따라 연구가
설을 받아들일지, 영가설을 받아들일지를 결정한다. 유의확률 값이 0.05보다 작다면(예
를 들어, 0.04, 0.03, 0.02 … 등) 연구가설을 받아들여 개별 집단이 추출된 모집단이 다
르다는 결론을 내린다. 그러나 유의확률 값이 0.05보다 크다면(예를 들어, 0.06, 0.07,
0.08 … 등) 영가설을 받아들여 개별 집단이 추출된 모집단이 같다는 결론을 내린다.

　〈표 12-5〉를 보면 F 값은 '5.455', 자유도는 '2'와 '27'이고(자유도는 두 개가 제시되는
데 뒤에서 설명한다), 유의확률은 0.05보다 작기 때문에 연구가설을 받아들인다. 즉, 개
별 집단의 오차변량에 차이가 있기 때문에 개별 십단들이 추출된 모집단이 다르다는 결
론을 내린다. 개별 집단이 추출된 모집단이 다르다는 검증 결과가 나왔기 때문에 원칙
적으로는 일원변량분석을 사용해서는 안 된다. 그러나 각 집단의 사례 수가 같기 때문
에(각 집단의 사례 수는 10명) 일원변량분석을 사용할 수 있다.

200

6. 결과 분석 2: 유의도 검증

연구가설의 유의도를 검증은 변량분석(*analysis of variance*)을 사용하여 이루어진다. 이 장에서는 유의도 검증 결과를 해석하는 방법을 살펴본 후 변량분석의 기본 논리를 설명한다.

1) 평균값

일원변량분석을 사용하여 연구가설을 검증하기 위해서 〈표 12-6〉에 제시된 세 집단의 평균값을 살펴본다. 대도시에 거주하는 10명의 문화비지출은 21만 원, 중소도시에 거주하는 10명의 문화비지출은 13만 원, 농촌에 거주하는 10명의 문화비지출은 6만 원으로 나타났다.

평균값만 갖고 판단할 때, 대도시에 거주하는 사람이 중소도시나 농촌에 거주하는 사람에 비해 문화비지출을 많이 하는 것으로 보인다. 또한 중소도시에 거주하는 사람은 농촌에 거주하는 사람에 비해 문화비를 더 많이 지출하는 것 같다. 이 표본의 결과가 모집단에서도 그대로 나타나는지 판단하기 위해서 유의도 검증을 한다.

〈표 12-6〉 세 집단의 기술통계 값

거주지역	N(사례 수)	평균	표준편차
대도시	10	21.00	6.99
중소도시	10	13.00	3.50
농 촌	10	6.00	2.11
합 계	30	13.33	7.69

2) 결과 해석

〈거주지역이 문화비지출에 영향을 미친다〉는 연구가설은 변량분석을 사용하여 검증한다(변량분석의 기본 논리는 뒤에서 살펴본다). 〈표 12-7〉에서 보듯이 〈집단 간 변량〉(*between-groups variance*, 설명변량으로 거주지역의 평균 제곱에 제시되어 있음) '566.333'은 거주지역의 〈제곱 합〉 '1126.667'을 자유도1인 '2'로 나눈 값이다. 반면 〈집단 내 변량〉(*within-groups variance*, 오차변량으로 오차의 평균 제곱에 제시되어 있음) '21.852'는 오차의 〈제곱 합〉 '590.000'을 자유도2인 '27'로 나눈 값이다. F 값 '25.780'은 〈집단 간 변량〉 '563.333'을 〈집단 내 변량〉 '21.852'로 나눈 값이다. 자유도1 '2'와 자유도2 '27'에

<표 12-7> 변량분석 결과

소스	제곱 합	자유도	평균 제곱	F	유의확률	부분 에타 제곱
수정모형	1126.667*	2	563.333	25.780	0.000	0.656
절편	5333.333	1	5333.333	244.068	0.000	0.900
거주지역	1126.667	2	563.333	25.780	0.000	0.656
오차	590.000	27	21.852			
합계	7050.000	30				

* $R^2 = 0.656$

서 F 값 '25.780'를 분석한 결과 유의확률 값은 0.05보다 작기 때문에 〈거주지역이 문화비지출에 영향을 미친다〉는 연구가설을 받아들인다.

7. 유의도 검증의 기본 논리

일원변량분석의 유의도 검증은 변량분석(*analysis of variance*)을 통해 이루어진다. 변량분석이 무엇인지 자세히 알아보자.

1) 변량의 구성요소

〈표 12-8〉에서 보듯이 전체 제곱 합(*total sum of square*)은 집단 간 제곱 합(*between-groups sum of square*)과 집단 내 제곱 합(*within-groups sum of square*) 두 가지 요소로 이루어진다. 집단 간 제곱 합은 전체 제곱 합 중에서 독립변인으로 설명할 수 있는 부분을 말한다. 집단 내 제곱 합은 전체 제곱 합 중에서 독립변인으로 설명할 수 없는 부분을 의미한다.

전체 변량(*total variance*)은 집단 간 변량(*between-groups variance*)과 집단 내 변량(*within-groups variance*) 두 가지 요소로 이루어진다. 집단 간 변량은 집단 간 제곱 합을 자유도(자유도1)로 나눈 값이고, 집단 내 변량은 집단 내 제곱 합을 자유도(자유도2)로

<표 12-8> 제곱 합과 변량의 구성요소

전체 제곱 합 = 집단 간 제곱의 합 + 집단 내 제곱의 합

전체 변량 = 집단 간 변량/설명변량 + 집단 내 변량/설명할 수 없는 변량/오차변량/잔차변량

나눈 값이다. 집단 간 변량은 전체 변량 중에서 독립변인이 설명할 수 있는 변량을 의미하기 때문에 설명변량(*explained variance*)이라고 부른다. 반면 집단 내 변량은 전체 변량 중에서 독립변인으로 설명할 수 없는 변량을 의미하기 때문에 설명할 수 없는 변량(*unexplained variance*), 오차변량(*error variance*), 또는 잔차변량(*residual variance*)이라고 부른다.

제곱 합과 변량은 계산 방식만 다를 뿐 동일한 개념이기 때문에 변인 간의 관계를 분석할 때 두 개념 중 어느 것을 사용해도 무방하다. 이 책에서는 특별한 경우를 제외하면 변인 간의 관계를 설명할 때 변량 개념을 사용한다.

전체 변량과 집단 간 변량, 집단 내 변량 간의 관계를 원그림으로 그려보면 〈그림 12-2〉와 같다. 전체 변량을 100%(또는 1)로 생각할 때, 전체 변량은 짙은 부분인 집단 간 변량과 회색 부분인 집단 내 변량으로 이루어진다. 변량을 원그림으로 그릴 때에는 전체 변량의 값을 원점수 그대로 사용하지 않고 100%(또는 1)로 변환한다. 그 이유는 변량의 원점수는 변인의 측정 단위에 따라 크기가 달라져서 사용하기 불편하기 때문이다. 예를 들어 키를 m로 측정했을 경우와 ㎝로 측정했을 경우의 변량의 크기를 생각해 보자. 같은 키라도 ㎝로 측정했을 때의 변량은 m로 측정했을 때의 변량보다 무려 10,000배나 커진다(왜 그런지 계산해 보기 바란다). 또는 ㎏으로 측정한 몸무게의 변량이 100이고, ㎝로 측정한 키의 변량을 200이라고 가정할 때 측정단위가 다르기 때문에 각 변량의 크기를 비교하는 것은 불가능하다.

전체 변량은 집단 간 변량과 집단 내 변량을 합한 값이기 때문에 전체 변량에서 집단 간 변량을 빼면 집단 내 변량이 되고, 반대로 전체 변량에서 집단 내 변량을 빼면 집단 간 변량이 된다. 예를 들어 집단 간 변량이 0.6(또는 60%)이라면 집단 내 변량은 0.4(1.0 - 0.6) 또는 40%(100% - 60%)가 된다. 이처럼 집단 간 변량과 집단 내 변량 중 한 값을 알면 다른 값을 자동적으로 알 수 있다.

2) 변량분석의 논리

(1) 전체 변량

전체 변량과 집단 간 변량, 집단 내 변량이 무엇이고, 추리통계방법에서 어떻게 사용되는지 예를 통해 살펴보자. 연구자가 10명의 학생을 대상으로 10점 만점의 통계시험을 실시했고, 〈표 12-9〉와 같은 점수가 나왔다고 가정하자. 전체 변량을 구해보자.

10명 학생의 통계시험 점수 평균값은 '4.5', 제곱 합 '42.5', 변량은 '4.25'라는 값을 구했다. 변량 '4.25'는 10명의 학생들이 평균값으로부터 퍼져 있는 정도를 보여주는 값으로서 동질성의 정도가 '4.25'라는 것이다. 만일 같은 단위로 측정된 여러 집단이 있으면 변량을 계산하여 집단 간의 동질성의 정도를 비교할 수 있다. 그러나 추리통계방법에서는 특정 변인(또는 집단)의 동질성의 정도를 보여주는 변량의 값을 구하는 것에 만족하는 것이 아니라, 사람의 통계시험 점수가 왜 다른지를 집단 간 변량과 집단 내 변량을 분석하여 설명하려고 한다. 상식적으로 생각해 볼 때, 같은 선생님에게서 같은 교재를 가지고 같은 강의실에서 같은 시간에 수업을 들은 학생은 시험에서 같은 점수를 받아야 정상일 것이다. 즉, 모든 조건이 같다면 같은 점수를 받아야 하겠지만, 현실은 그렇지 않다. 〈표 12-9〉에서 보듯이 학생의 점수는 다르다. 학생의 점수에 차이가 나타나

〈표 12-9〉 평균값과 전체 변량

통계 점수 (N = 10)	
1	5
2	6
3	4
4	8
5	7
6	5
7	3
8	2
9	1
10	4
평균	4.5
제곱 합	42.5
사례	10
변량	4.25

는 원인은 무엇인가? 현 단계에서는 학생의 점수가 차이난다는 것과 각 점수가 평균값으로부터 변화하는 총량, 즉, 전체 변량이 '4.25'라는 것만 알 수 있는 반면 이 변량을 야기한 원인에 대해서는 전혀 알 수 없다.

(2) 집단 간 변량과 집단 내 변량

앞에서 봤듯이, 전체 변량은 집단 간 변량과 집단 내 변량의 합이다. 이 간단한 공식을 이용하여 분석 첫 번째 단계에서 전체 변량을 구성요소로 나누어 분석해 보자.

〈표 12-10〉에서 보듯이 분석 첫 번째 단계에서 전체 변량은 '4.25'('1', 또는 100%)이고, 이 중 집단 간 변량은 '0'이고, 집단 내 변량은 전체 변량과 같은 '4.25'이다. 전체 변량이 집단 내 변량이 되는 이유는 분석 첫 단계에서는 한 집단밖에 없기 때문에 집단 내 변량이 바로 전체 변량이 되기 때문이다. 이 단계에서는 왜 학생의 통계 점수에 차이가 나는지 원인을 밝힐 수 없다.

연구자는 전체 변량 '4.25'의 원인을 찾고자 한다. 연구자는 통계수업의 복습 여부에 따라 학생의 통계시험 점수에 차이가 나지 않을까 생각하여 〈통계수업을 수강한 후 복습한 학생은 복습하지 않은 학생보다 통계 점수가 높을 것이다〉라는 연구가설을 만들었다고 가정하자. 이 연구가설에서 독립변인은 〈통계수업복습여부〉이고, 종속변인은 〈통계점수〉이다.

연구자는 독립변인과 종속변인 간의 인과관계를 분석하기 위해 통계수업을 복습한 학생과 복습하지 않은 학생 두 집단으로 나눈 후 집단별로 전체 학생의 점수를 재배열하여 각 집단의 평균값과 변량을 계산한다. 점수를 재배열한 결과, 〈표 12-11〉에서 보듯이 복습한 집단의 점수는 6점, 5점, 7점, 8점, 4점이었고, 복습하지 않은 집단의 점수는 3점, 5점, 1점, 4점, 2점이었다. 각 집단의 평균값과 변량을 계산한 결과 복습한 집단의 평균값은 6점, 변량은 '2'였고, 복습하지 않은 집단의 평균값은 3점, 변량은 '2'였다.

집단 내 변량을 구해보자. 복습한 집단의 변량 '2'와 복습하지 않은 집단의 변량 '2'는 각 집단 내에서 구한 변량이기 때문에 개별 집단 내 변량이라고 부른다. 집단 내 변량이 설명할 수 없는 변량인 이유는 독립변인 〈통계수업복습여부〉로 나누어진 각 집단은 은 조건이 같음에도 불구하고 집단 내에 여전히 점수 차이가 나는데 그 이유를 알 수 없기 때문이다. 즉, 복습한 집단 내에서 조건이 같음에도 불구하고 6점, 5점, 7점, 8점, 4점

〈표 12-10〉 전체 변량과 집단 간 변량, 집단 내 변량간의 관계

전체 변량	=	집단 간 변량	+	집단 내 변량
4.25 (1 또는 100%)	=	0	+	4.25 (1 또는 100%)

<표 12-11> 복습 여부와 통계 점수 간의 관계

	복습한 집단	복습하지 않은 집단		집단 간 평균값
	6	3		
	5	5		
	7	1		
	8	4		6
	4	2		3
평균	6	3		4.5
SS	10	10		4.5
사례	5	5		2
변량	2	2		2.25

집단 내 변량
(독립변인에 의해
설명할 수 없는 변량)

집단 간 변량
(독립변인에 의해
설명할 수 있는 변량)

으로 점수 차이가 난다. 복습을 하지 않은 집단 내에서도 차이가 나타난다. 왜 이러한 차이가 나는지 그 원인을 알 수 없기 때문에 이때 구한 변량은 설명할 수 없는 변량, 즉, 집단 내 변량으로 부른다. 집단 내 변량은 개별 집단의 집단 내 변량을 합한 값의 평균값이다. 즉, 집단 내 변량은 복습한 집단 내 변량 '2'와 복습하지 않은 집단 내 변량 '2'를 더한 후 집단의 수, 이 경우는 두 집단이기 때문에 '2'로 나눈 값 '2'가 된다. 이제 전체 변량이 '4. 25'이고, 집단 내 변량이 '2'이라는 사실을 알았기 때문에 집단 간 변량은 계산하지 않아도 '2. 25'라는 것을 쉽게 알 수 있다. 과연 집단 간 변량이 '2. 25'가 되는지 를 계산해보자.

집단 간 변량을 구해보자. 집단의 평균값은 6점과 3점으로서 이 점수 차이 3점은 복습여부에 따라서 나타난 차이라고 볼 수 있다. 두 평균값들로부터 구한 변량 '2. 25'는 집단 간 복습 여부에 따라 나온 변량이기 때문에 집단 간 변량이라고 부른다. 이 변량은 복습여부 때문에 나타난 것으로 설명할 수 있기 때문에 설명변량이라고도 부른다.

<표 12-12>에서 보듯이 전체 변량 '4. 25'('1' 또는 100%)에서 설명할 수 있는 변량인 <집단 간 변량>은 '2. 25'('2. 25'가 '4. 25'에서 차지하는 비율 0. 529, 또는 52.9%)이고, 설명할 수 없는 변량, 즉, 집단 내 변량은 '2'('2'가 '4. 25'에서 차지하는 비율 0. 471, 또는 47.1%)라는 것을 알 수 있다.

이제 연구자는 학생의 통계 점수에서 차이가 왜 나타나는지를 설명할 수 있게 되었다. 독립변인에 의해 설명할 수 있는 변량이 52.9% 또는 '0. 529'라는 결과를 가지고 볼

<표 12-12> 전체 변량과 집단 간 변량, 집단 내 변량

전체 변량	=	집단 간 변량	+	집단 내 변량
4.25 (100% 또는 1)	=	2.25 (52.9% 또는 0.529)	+	2 (47.1% 또는 0.471)

<표 12-13> 단계별 변량분석

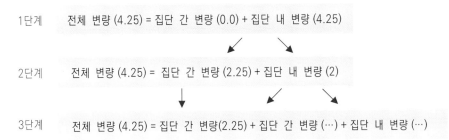

1단계   전체 변량 (4.25) = 집단 간 변량 (0.0) + 집단 내 변량 (4.25)

2단계   전체 변량 (4.25) = 집단 간 변량 (2.25) + 집단 내 변량 (2)

3단계   전체 변량 (4.25) = 집단 간 변량(2.25) + 집단 간 변량 (…) + 집단 내 변량 (…)

때, 학생의 통계 점수 차이는 독립변인 복습 여부에 따라 크게 달라진다는 것을 알 수 있다. 변량분석은 이렇게 전체 변량을 집단 간 변량과 집단 내 변량으로 구분하여 변인 간의 인과관계를 분석한다.

전체 변량과 집단 간 변량, 집단 내 변량 간의 관계를, <표 12-13>에서 보듯이 분석 단계별로 구분하여 다시 한 번 살펴보자.

제 1단계에서 집단 간 변량은 '0'이었는데, 제 2단계에서는 '2.25'가 되었다. 이를 달리 말하면, 제 1단계에서는 전체 변량의 원인을 알 수 없었기 때문에 집단 간 변량은 '0'이었던 반면 집단 내 변량은 전체 변량 '4.25' 그 자체였다. 제 1단계에서 학생의 점수 차이를 원인이 무엇인지 설명할 수 없다.

제 2단계에서는 전체 변량의 원인(독립변인)으로 복습여부를 들었고, 복습 여부로 설명할 수 있는 변량, 즉, 집단 간 변량은 '2.25'로 나타났다. 집단 간 변량이 '0'에서 '2.25'로 크게 증가했음을 알 수 있다. 비로소 왜 통계 점수 차이가 나오는지를 설명하게 된 것이다. 반면에 설명할 수 없는 변량인 집단 내 변량은 '4.25'에서 '2'로 줄었다. 연구자가 다른 원인, 즉, 다른 독립변인을 추가하면 제 2단계의 집단 내 변량을 제 3단계에서 다시 집단 간 변량과 집단 내 변량으로 나누어 설명할 수 있는 부분을 증가시키고, 설명할 수 없는 부분을 감소시킬 수 있다. 이처럼 연구자는 독립변인을 추가함으로써 남아 있는 집단 내 변량을 집단 간 변량과 집단 내 변량으로 나누어 전체 변량을 야기한 원인을 찾는다.

변량분석을 이용한 추리통계방법에서는 종속변인의 전체 변량을 독립변인으로 설명할 수 있는 변량(집단 간 변량)과 설명할 수 없는 변량(집단 내 변량)으로 나누어 설명하는 방식을 택한다. 일반적으로 독립변인이 추가될수록 종속변인의 전체 변량 중 집단 간 변량은 증가하고, 집단 내 변량은 감소하는 경향이 있다. 그러나 만일 독립변인을 추가해도 집단 간 변량이 증가하지 않는다면 그 독립변인은 설명력이 없는 것이다

3) 실제 변량 계산방법

변량분석을 사용한 유의도 검증의 논리를 설명하기 위해 집단 간 변량과 집단 내 변량을 계산해 봤는데, 집단 간 변량과 집단 내 변량의 실제 값은 다른 방법으로 계산된다. 변량의 계산방법에 관심이 있는 독자는 이 부분을 공부하기 바란다. 그러나 계산방법에 관심이 없는 독자는 이 부분을 건너뛰어도 괜찮다. 〈표 12-3〉의 가상 데이터를 사용하여 집단 간 변량과 집단 내 변량의 실제 값을 계산하는 방법을 살펴보자.

(1) 집단 내 변량

집단 내 변량(*between-groups variance*)은 독립변인이 설명할 수 없는 변량을 의미한다. 집단 내 변량은 개별 집단에서 구한 개별 집단 내 변량을 합한 후 집단 수로 나눈 평균 값이다. 집단 내 변량은 아래와 같이 세 단계를 거쳐서 계산된다.

① 제1단계: 각 값의 재배열
〈표 12-14〉에서 보듯이 연구자는 〈거주지역〉 세 집단별(대도시, 중소도시, 농촌)로 나누고 각 집단에 속한 10명의 문화비를 재배열한다.

② 제2단계: 개별 집단의 집단 내 변량 계산
집단 내 변량을 계산하기 위해서는 각 집단의 집단 내 변량을 구한다. 각 집단의 집단 내 변량은 기술통계에서 변량을 계산하는 방법을 그대로 사용하면 된다. 〈표 12-14〉에서 보듯이 각 집단(대도시, 중소도시, 농촌)의 개별 값으로부터 각 집단의 평균값을 빼서 차이를 구하고, 각 차이를 제곱한 후 이를 더하면 제곱 합이 되고, 이를 자유도(자유도2)로 나누면 된다. 대도시의 집단 내 제곱 합은 각 값으로부터 평균값('21')을 뺀 후 이 차이를 제곱하여 더하면 '440'이 나온다. 이 '440'을 자유도 '9'로 나누면 대도시의 집단 내 변량은 '48.888'이 나온다. 중소도시와 농촌도 같은 방식으로 계산하면 된다. 중소도시의 집단 내 제곱 합은 '110'이고, 집단 내 변량은 '12.222'이다. 농촌의 집단 내 제곱 합은 '40'이고, 집단 내 변량은 '4.444'이다. 각 집단의 집단 내 제곱 합인 '440'과 '110', '40'을 더하면 전체 집단 내 제곱 합 '590'이 된다. 〈표 12-7〉의 집단 내 제곱 합(오차 제곱 합에 제시되어 있음)의 값과 이 값을 비교하면 같다는 것을 알 수 있다.

③ 제3단계: 집단 내 변량 계산

집단 내 변량은 개별 집단의 집단 내 변량을 더한 후 집단 수로 나누어 계산한다. 즉, 집단 내 변량은 개별 집단의 집단 내 변량의 평균값이다. 〈표 12-14〉에서 보듯이 대도시의 집단 내 변량 '48.888', 중소도시의 집단 내 변량 '12.222'. 농촌의 집단 내 변량 '4.444'를 더한 값 '65.554'를 집단 수 '3' 로 나눈 값 '21.851'이 집단 내 변량이다. 이 값을 〈표 12-7〉의 집단 내 변량 값과 비교하면 같다는 것을 알 수 있다(두 값의 차이 '0.001'은 반올림 때문에 나온 오차로 무시해도 된다).

집단 내 변량은 독립변인 〈거주지역〉으로 문화비지출의 차이를 설명할 수 없는 변량이기 때문에 동일 거주지역(대도시와 중소도시, 농촌) 내에 사는 사람의 문화비지출에 왜 차이가 나타나는지 그 이유를 밝혀낼 수 없다.

〈표 12-14〉 집단 내 변량

	대도시		중소도시		농촌	
	차이 점수 (점수-평균값)	제곱	차이 점수 (점수-평균값)	제곱	차이 점수 (점수-평균값)	제곱
	30 - 21 = +9	81	10 - 13 = -3	9	5 - 6 = -1	1
	20 - 21 = -1	1	15 - 13 = +2	4	5 - 6 = -1	1
	15 - 21 = -6	36	15 - 13 = +2	4	5 - 6 = -1	1
	20 - 21 = -1	1	10 - 13 = -3	9	10 - 6 = +4	16
	20 - 21 = -1	1	10 - 13 = -3	9	5 - 6 = -1	1
	20 - 21 = -1	1	15 - 13 = +2	4	5 - 6 = -1	1
	30 - 21 = +9	81	10 - 13 = -3	9	5 - 6 = -1	1
	15 - 21 = -6	36	10 - 13 = -3	9	5 - 6 = -1	1
	30 - 21 = +9	81	20 - 13 = +7	49	10 - 6 = +4	16
	10 - 21 = -11	121	15 - 13 = +2	4	5 - 6 = -1	1
각 집단의 사례 수	10		10		10	
각 집단의 평균값	21		13		6	
각 집단 내 제곱 합	440		110		40	
자유도	9		9		9	
각 집단 내 변량	48.888		12.222		4.444	
집단 내 변량	21.851[(48.888 + 12.222 + 4.444) ÷ 3]					

(2) 집단 간 변량

집단 간 변량(*between-groups variance*)은 독립변인의 영향 때문에 나타나는 변량으로서 설명변량을 의미한다. 집단 간 변량을 계산하는 방법을 알아보자. 집단 간 변량은 아래와 같이 세 단계를 거쳐서 계산된다.

① 제1단계: 개별 집단의 평균값 계산

집단 간 변량을 계산하기 위해서는 〈표 12-14〉에서처럼 독립변인을 구성하는 집단에 따라 점수를 재배열하여 개별 집단의 평균값을 계산한다. 개별 집단의 문화비지출의 평균값은 대도시 21만 원, 중소도시 13만 원, 농촌 6만 원으로 나타났는데, 이 평균값의 차이는 〈거주지역〉의 차이 때문에 나타난 것이라고 볼 수 있다.

② 제2단계: 집단 간 제곱 합 계산

〈표 12-15〉의 공식에서 보듯이 집단 간 변량은 집단 간 제곱 합을 계산한 후 이를 자유도로 나누어 구한다.

집단 간 변량을 구하기 위해 개별 집단의 평균값으로부터 집단 간 제곱 합을 계산한다. 〈표 12-16〉에서 보듯이 개별 집단의 평균값으로부터 전체 평균값('13.33')을 빼서 차이를 구하고, 각 차이를 제곱하여 개별 집단의 사례 수를 곱한 후 이 값들을 더하면 집단 간 제곱 합이 된다. 대도시의 집단 간 제곱 합은 집단의 평균값('21')에서 전체 평균값('13.33')을 빼고 이를 제곱한 후 집단의 사례 수(10명)를 곱한 값으로 '588.29'가 된다. 중소도시와 농촌의 집단 간 제곱 합도 같은 방식으로 계산하면 된다(관심 있는 독자는 계산해 보기 바란다). 중소도시의 경우 '1.09'이고, 농촌의 경우 '537.29'이다. 이 세 값들을 더한 값이 집단 간 제곱 합이다. 〈표 12-7〉의 집단 간 제곱의 합과 비교하면 같다는 것을 알 수 있다(두 값의 차이는 반올림 때문에 나온 오차로 무시해도 괜찮다).

〈표 12-15〉 집단 간 변량 계산 공식

1. 집단 간 변량 = 집단 간 제곱의 합 ÷ 자유도(자유도: 집단의 수 − 1)
2. 집단 간 제곱 합 = Σ 사례 수 (각 집단 평균 − 전체 집단 평균)^2

〈표 12-16〉 집단 간 제곱 합 계산

$$\text{집단 간 제곱 합} = 10\,(21 - 13.33)^2 + 10\,(13 - 13.33)^2 + 10(6 - 13.33)^2$$
$$= 588.29 + 1.09 + 537.29$$
$$= 1126.67$$

③ 제3단계: 집단 간 변량 계산

〈표 12-17〉에서 보듯이 집단 간 변량은 집단 간 제곱 합을 자유도(자유도1)로 나누어 계산한다. 자유도(자유도 1)는 독립변인을 구성하는 집단의 수에서 '1'을 뺀 값이다. 독립변인 〈거주지역〉이 세 집단이기 때문에 자유도(자유도1)는 '2'(3 - 1)가 된다. 집단 간 제곱 합 '1126.67'을 자유도(자유도1) '2'로 나누면 '563.34'가 된다. 〈표 12-7〉의 집단 간 변량(거주지역 평균 제곱에 제시됨)과 비교하면 같다는 것을 알 수 있다(두 값의 차이는 반올림 때문에 나온 오차로 무시해도 괜찮다).

연구자는 개별 〈거주지역〉의 평균값의 차이로부터 집단 간 변량을 구하고, 집단 간 변량은 집단 차이 때문에 나온 값이라고 추정한다. 독립변인 〈거주지역〉 차이를 통해 〈문화비지출〉의 차이를 설명할 수 있기 때문에 설명변량이라고 부른다.

〈표 12-17〉 집단 간 변량 계산

$$집단 간 변량 = 1126.67 ÷ 2 = 563.34$$

4) F 값과 자유도, 유의확률

(1) F 값

변량분석을 사용하여 유의도를 검증하기 위해서는 〈표 12-18〉의 공식을 이용하여 F 값을 구해야 한다. F 값은 집단 간 제곱 합과 집단 내 제곱 합을 구한 후 자유도로 나누어 계산한 집단 간 변량을 집단 내 변량으로 나눈 값으로서 연구가설이 유의미한지를 판단하는 값이다. 〈표 12-7〉에서 보듯이 집단 간 변량은 집단 간 제곱 합 '1126.667'을 자유도1 '2'로 나눈 값 '563.333'(거주지역 평균 제곱에 제시됨)이고, 집단 내 변량은 집단 내 제곱 합 '590.000'을 자유도2 '27'로 나눈 값 '21.852'(오차 평균 제곱에 제시됨)로서 F 값은 집단 간 변량을 집단 내 변량으로 나눈 값 '25.780'이다. 이 값을 자유도와 함께 해석한다.

〈표 12-18〉 F 값 계산 공식

$$F = \frac{집단 \ 간 \ 제곱 \ 합/자유도1(독립변인 \ 유목의 \ 수 - 1)}{집단 \ 내 \ 제곱 \ 합/자유도2(\Sigma개별 \ 집단의 \ 사례 \ 수 - 1)}$$

$$= \frac{집단 \ 간 \ 변량}{집단 \ 내 \ 변량}$$

(2) 자유도

일원변량분석에서 자유도(*degree of freedom*)는 F 값의 의미를 판단하기 위해 두 개의 값 (자유도1과 자유도2)을 갖는데, 표본의 전체 집단과 사례에서 독자적 정보를 가진 집단과 사례의 수가 얼마인지를 보여준다(제 10장 문항 간 교차비교분석의 자유도와 제 11장 t 검증의 자유도 설명을 참조한다). 자유도1은 독립변인을 구성하는 집단의 수에서 '1'을 뺀 값으로 독자적 정보를 가진 집단의 수이다. 독립변인 〈거주지역〉은 세 집단으로 구성되어 있기 때문에 자유도1은 '2'(3집단 - 1)가 된다. 자유도2는 개별 집단의 사례 수에서 '1'을 뺀 값들을 합한 값으로 독자적 정보를 가진 사례의 수이다. 대도시는 '9'(10명 - 1), 중소도시 '9'(10명 - 1), 농촌 '9'(10명 - 1)이기 때문에 자유도2는 이를 더한 값 '27'이 된다.

   일원변량분석의 자유도와 t 검증의 자유도를 비교해 보자. t 검증의 자유도도 일원변량분석과 같이 두 개(자유도1과 자유도2)가 제시되어야 하지만, t 검증은 독자적 정보를 가진 사례 수 하나만 제시한다. 그 이유는 t 검증에서 독립변인을 구성하는 집단 수는 반드시 두 개이기 때문에 자유도1은 언제나 '1'(2 집단 - 1)이 된다. 따라서 t 검증에서는 항상 '1'인 자유도1을 생략하고, 자유도2인 독자적 정보를 가진 사례 수 하나만 제시한다.

(3) 유의확률

유의확률은 자유도1과 자유도2가 만나는 지점의 F 값이 F 분포에서 차지하는 위치(비율)를 보여준다. 위의 예에서 자유도1인 '2'와 자유도2인 '27'에서의 F 값 '25.780'이 $p < 0.05$보다 작은 '0.000'으로 나왔기 때문에 연구자는 연구가설을 받아들인다. 즉, 〈거주지역이 문화비지출에 영향을 미친다〉는 연구가설을 받아들인다.

   SPSS/PC⁺(20.0) 일원변량분석 프로그램이 F 값과 자유도1, 자유도2, 유의확률을 계산하여 제시해 주기 때문에 F 분포표를 읽는 방법이 필요는 없지만, F 분포표를 해석하는 방법을 알면 유의확률의 의미를 쉽게 이해할 수 있다. F 분포표는 〈부록 D, F 분포〉에 제시되어 있다. 두 개의 표 중 첫 번째 표는 0.05 수준에서의 F 분포표이고, 두 번째 표는 0.01 수준에서의 F 분포표이다. 연구자가 정한 유의도 수준에 따라 두 표 중 하나를 선택하여 해석하면 된다. 각 표의 제일 위쪽에는 자유도 1(n_1)이 제시되어 있고, 오른쪽에는 자유도2(n_2)가 제시되어 있다. 연구자가 유의도 수준을 0.05로 정하면 자유도1은 독립변인을 구성하는 집단의 수에서 '1'을 뺀 값으로, 위의 예에서 독립변인 〈거주지역〉은 세 집단이기 때문에 자유도1은 '2'(3집단 - 1)가 된다. 자유도2는 개별 집단의 사례 수에서 '1'을 뺀 값을 합한 값으로, 대도시 '9'(10명 - 1), 중소도시 '9'(10명 - 1), 농촌 '9'(10명 - 1)이기 때문에 자유도2는 '27'이 된다. 자유도1의 '2'와 자유도2의 '27'이 만나는 F 값은 '3.35'이다. F 값이 '3.35'보다 크면 $p < 0.05$(95%) 유의도 수준에서 연구가설을 받아들이는 것이고, 작으면 $p < 0.05$(95%) 유의도 수준에서 영가설을 받아들

이라는 의미이다. F 값은 '25.780'으로서 '3.35'보다 크기 때문에 연구가설을 받아들이면 된다. 연구자가 유의도 수준을 0.01로 정하면 자유도1의 '2'와 자유도2의 '27'이 만나는 F 값은 '5.49'로서 해석하는 방법은 동일하다.

5) 오차변량의 동질성 검증의 의미

제11장의 독립표본 t 검증방법과 일원변량분석에서 Levene의 오차변량의 동질성 검증은 개별 집단이 같은 모집단에서 추출되었는지를 판단하는 데 중요하다는 것을 알았다. Levene의 오차변량의 동질성 검증의 의미를 살펴보자.

Levene의 오차변량 동질성 검증은 독립변인을 구성하는 개별 집단의 집단 내 변량의 크기를 상호 비교하는 방법으로서 집단 내 변량은 오차변량이기 때문에 오차변량의 동질성 검증은 개별 집단의 집단 내 변량을 검증하는 것과 같다. Levene의 오차변량의 동질성 검증은 개별 집단의 집단 내 변량의 크기를 비교하여 값들이 비슷하면 같은 모집단으로부터 추출되었다고 판단한다. 〈표 12-14〉에서 보듯이 대도시의 집단 내 변량은 '48.888'이고, 중소도시 집단의 집단 내 변량은 '12.222', 농촌 집단의 집단 내 변량은 '4.444'이다. 얼핏 보아도 세 집단의 집단 내 변량 값의 차이가 크다는 것을 알 수 있다.

8. 결과 분석 3: 집단 간 차이 사후 검증

변량분석을 통한 유의도 검증은 독립변인과 종속변인 간의 인과관계의 존재 여부만을 보여주며, 독립변인을 구성하는 집단 간의 차이는 알려주지 않는다. 즉, 〈표 12-7〉의 변량분석 결과는 〈거주지역〉과 〈문화비지출〉 간에 인과관계가 있다는 것만 알려주기 때문에 세 집단 중 구체적으로 어느 집단과 어느 집단 간에 차이가 있는지를 알 수 없다. 연구결과가 유의미하게 나왔다면, 여러 집단 간의 구체적 차이를 알아보기 위해 반드시 사후 검증을 실시해야 한다. 그러나 연구결과가 유의미하지 않을 경우에는 집단 간에 차이가 없는 것이기 때문에 사후 검증을 할 필요가 없다.

독립변인을 구성하는 집단의 수가 두 개밖에 없을 때(독립표본 t 검증방법의 연구가설을 생각하면 된다) 변량분석 결과 연구가설이 유의미하다면 변량분석 결과 자체가 바로 두 집단의 크기를 비교하는 결과가 된다. 예를 들면, 두 개의 유목으로 구성된 〈거주지역〉(① 도시, ② 농촌)이 〈문화비지출〉에 영향을 준다는 연구가설이 유의미하다면, 변량분석 결과 자체가 〈거주지역〉을 구성하는 도시와 농촌 간의 차이를 보여주는 것이다. 따라서 독립변인의 유목의 수가 두 개일 경우에는 사후 검증을 실시하지 않는다.

집단 간 평균값의 차이를 사후 검증하는 방법으로는 〈Duncan 검증방법〉, 〈Tuckey 검증방법〉, 〈Scheffe 검증방법〉 등 여러 가지가 있는데, 이 중 가장 일반적으로 사용하는 검증방법은 〈Scheffe 검증방법〉이다. 여기서는 집단 간 차이를 사후 검증하는 데 〈Scheffe 검증방법〉을 사용한다.

〈Scheffe의 검증방법〉을 사용하면, 〈표 12-19〉에서 보듯, 한 집단과 다른 집단 간의 평균값 차이와 유의도 검증결과를 알 수 있다. 첫 번째 칸은 (I) 거주지역, (J) 거주지역이라고 되어 있는데, 이는 비교하는 두 집단을 보여준다. 예를 들면, 대도시 중소도시는 대도시와 중소도시를 비교한다는 것이고, 대도시 농촌은 대도시와 농촌을 비교한다는 것이다. 두 번째 칸은 평균차(I - J)라고 되어 있는데 이는 비교하는 두 집단 간의 문화비지출의 차이를 보여준다. 예를 들면, 대도시와 중소도시의 문화비지출의 차이는 8만원임을 알 수 있다. 점수 뒤의 '*' 표시는 두 집단 간의 평균값의 차이를 검증한 결과 유의미하다는 것이다. 만일 '*' 표시가 없다면 두 집단 간의 평균값의 차이가 유의미하지 않다는 것이다. 세 번째 칸의 유의확률은 평균값의 차이를 통계적으로 검증한 결과 유의미한지, 유의미하지 않은지를 보여준다. 유의도 수준을 '0.05'로 잡았을 때 '0.05'보다 작으면 유의미한 것이고, '0.05'보다 크면 유의미하지 않는 것이다.

〈표 12-20〉은 〈표 12-19〉의 집단 간 사후 검증 결과를 다른 방식으로 보여주는데 의미는 같다. 〈표 12-20〉의 '집단군'을 살펴보면, 농촌과 중소도시, 대도시의 평균값이 제

〈표 12-19〉 Scheffe의 집단 간 사후 검증

(I)거주지역	(J)거주지역	평균차 (I - J)	유의확률
대도시	중소도시	8.0000*	0.003
	농촌	15.0000*	0.000
중소도시	대도시	-8.0000*	0.003
	농촌	7.0000*	0.009
농촌	대도시	-15.0000*	0.000
	중소도시	-7.0000*	0.009

〈표 12-20〉 동일집단군 Scheffe

거주지역	N(사례 수)	집단군		
		1	2	3
농촌	10	6.0000		
중소도시	10		13.0000	
대도시	10			21.0000

시되어 있고, 각 집단이 1, 2, 3 개별 집단에 속해 있기 때문에 세 집단 간에 차이가 난다는 것을 알 수 있다.

〈표 12-19〉와 〈표 12-20〉을 해석하면, 거주지역 간의 문화비지출 평균값 차이를 검증한 결과 전부 유의미하게 나왔기 때문에 대도시 거주자는 중소도시와 농촌 거주자에 비해 문화비를 더 많이 지출하고, 중소도시 거주자는 농촌 거주자에 비해 문화비지출이 더 높다는 것을 알 수 있다.

9. 결과 분석 4: 상관관계 값 (에타)

SPSS/PC$^+$(20.0) 프로그램에서는 일원변량분석을 두 가지 방법으로 실행할 수 있다. 하나는 〈평균비교〉에 있는 〈일원배치분산분석〉 프로그램이고, 다른 하나는 〈일반선형모형〉의 〈일변량〉 프로그램이다. 두 프로그램의 변량분석 결과는 일치하는데 〈일원배치분산분석〉으로 실행한 결과는 변인 간의 상관관계 값을 제시하지 않는 반면 〈일변량〉은 상관관계 값을 제시한다. 따라서 특별한 이유가 없는 한 일원변량분석은 유의도 검증과 상관관계 값을 동시에 제시하는 〈일반선형모형〉의 〈일변량〉을 실행하는 것이 바람직하다.

명명척도로 측정한 독립변인과 등간척도(또는 비율척도)로 측정한 종속변인 간의 상관관계 값은 에타로 나타내는데, 〈표 12-7〉의 제일 오른쪽에 부분 에타 제곱에 제시되어 있다. 에타 제곱은 설명변량을 의미하는데, 설명변량 '0.656'은 두 변인 간의 상관관계가 매우 깊다는 것을 보여준다. 영가설을 받아들일 경우, 두 변인 간의 인과관계가 없기 때문에 상관관계 값인 에타 제곱을 해석하지 않는다.

에타 제곱은 설명변량으로 '0'에서 '1' 사이의 값을 갖는다. 에타 제곱을 해석하는 기준이 따로 있는 것은 아니지만 일반적으로 다음과 같이 해석하면 된다. 에타 제곱이 '0에서 0.1 미만'이면 변인 간의 상관관계가 거의 없다고 해석하면 된다. '0.1 이상에서 0.3 미만'이면 변인 간의 관계가 어느 정도 있다고 보면 된다. '0.3 이상에서 0.5 미만'이면 변인 간의 상관관계가 상당히 깊다고 말할 수 있다. '0.5 이상에서 0.8 미만'이면 변인 간의 상관관계가 매우 깊다고 해석한다. '0.8 이상에서 1'이면 변인 간의 상관관계가 거의 완벽하다는 것으로 볼 수 있다.

10. 일원변량분석 논문작성법

1) 연구절차

(1) 일원변량분석방법에 적합한 연구가설을 만든다

연구가설	독립변인(명명척도)		종속변인(비명명척도)	
	변인	측정	변인	측정
교육에 따라 텔레비전시청시간에 차이가 나타난다	교육	(1) 중졸 (2) 고졸 (3) 대졸 (4) 대학원졸	텔레비전 시청시간	실제 시청시간(분)

(2) 유의도 수준을 정한다: $p < 0.05$(95%) 또는 $p < 0.01$(99%) 중 하나를 결정한다

(3) 표본을 선정하여 데이터를 수집한 후 컴퓨터에 입력한다

(4) SPSS/PC$^+$ 프로그램 중 일원변량분석을 실행한다

2) 연구결과 제시 및 해석방법

(1) 변량의 동질성 검증: Levene 검증(논문에서 제시하지 않는다)

(2) 일원변량분석 연구결과를 표로 제시한다
프로그램을 실행하여 얻은 결과를 〈표 12-21〉과 같이 만든다.

〈표 12-21〉 교육과 텔레비전시청시간의 관계

집 단	사례 수	평 균	표준편차	F	df	유의확률	에타 제곱	차이 집단
중 졸	100	51.5	13.8					
고 졸	100	42.5	14.9	6.79	3,396	0.009	0.55	중졸/고졸 집단과 대졸/대학원 집단
대 졸	100	30.2	7.8					
대학원졸	100	25.3	3.3					

(3) 변량분석표를 해석한다

① 유의도 검증결과/집단 간 차이 검증결과 쓰는 방법

〈표 12-15〉에서 보듯이 교육과 텔레비전시청시간 간에는 통계적으로 유의미한 차이가 있는 것으로 나타났다($F = 6.79$, $df = 3,396$, $p < 0.05$). 각 집단 간 텔레비전시청시간의 차이를 사후 검증한 결과, 중학교를 졸업한 사람(평균 = 51.5분)과 고등학교를 졸업한 사람(평균 = 42.5분) 간에는 텔레비전시청시간에 차이가 없었다. 또한 대학교를 졸업한 사람(평균 = 30.2분)과 대학원을 졸업한 사람(평균 = 25.3분) 간에도 텔레비전시청시간에 차이가 없었다. 반면 중학교와 고등학교를 졸업한 사람과 대학교와 대학원을 졸업한 사람 간에는 텔레비전시청시간에 차이가 있는 것으로 나타났다. 즉, 중학교와 고등학교를 졸업한 사람은 대학교와 대학원을 졸업한 사람에 비해 텔레비전을 더 많이 시청하는 경향이 있다.

② 상관관계 결과 쓰는 방법

교육과 텔레비전시청시간 간의 상관관계를 분석한 결과, 두 변인 간의 상관관계는 매우 높은 것으로 나타났다(eta 제곱 = 0.55). 이 결과는 교육이 텔레비전시청시간에 영향을 주는 중요한 요인이라는 사실을 보여준다.

참고문헌

오택섭·최현철 (2003), 《사회과학 데이터 분석법 ①》, 나남.
최현철·김광수 (1999), 《미디어연구방법》, 한국방송대학교 출판부.

Hastie, T. et al. (2002), *The Elements of Statistical Learning*. Springer Verlag.
Hox, J. J. (2002), *Multilevel Analysis*: *Techniques and Applications*, Quantitative Methodology Series, Lawrence Erlbaum Associates.
Kerlinger, F. N. (1973), *Foundations of Behavioral Research* (2nd ed.), New York: Holt, Rinehart and Winston.
Lomax, R. G., & Hahs-Vaughn, D. L. (2012), *An Introduction to Statistical Concepts* (3rd ed.), New York, NY: Routledge.
Miller, R. J. et al. (1997), *Beyond ANOVA*: *Basics of Applied Statistics* (Reissue ed.), CRC Press.
Nie, N. H. et al. (1975), *SPSS*: *Statistical Package for the Social Sciences* (2nd ed.), New York: McGraw-Hill Book Company.

Norusis, M. J. (2000), *SPSS 10.0 Guide to Data Analysis* (Book and Disk ed.), Prentice Hall.

Pallant, J. (2001), *SPSS Survival Manual*: *A Step By Step Guide to Data Analysis Using SPSS for Windows* (Version 10) (1st ed.), Open Univ Pr.

Reinard, J. C. (2006), *Communication Research Statistics*. Thousand Oaks, CA: Sage.

Turner J. R., & Thayer, J. (2001), *Introduction to Analysis of Variance*: *Design, Analysis & Interpretation*, Sage Publications.

연습문제

주관식

1. 일원변량분석(*one-way ANOVA*)의 목적을 설명하시오.

2. 일원변량분석 프로그램을 실행해 보시오.

3. 집단의 동질성 검증의 의미를 생각해 보시오.

4. 전체 변량(*total variance*)과 집단 간 변량(*between-groups variance*), 집단 내 변량 (*within-groups variance*)을 비교해 설명해 보시오.

5. 집단 간 차이 사후검증을 설명하시오.

6. 에타 제곱(*eta*^{2})의 의미를 설명하시오.

객관식

1. 명명척도로 측정한 독립변인(집단의 수가 두 개 이상)과 등간척도(또는 비율척도)로 측정한 종속변인 간의 인과관계를 분석하는 통계방법은 무엇인지 고르시오.
   ① 문항 간 교차비교분석(χ^2 *analysis*)
   ② 상관관계분석(*correlation analysis*)
   ③ 독립표본 t 검증(*independent sample t-test*)
   ④ 일원변량분석(*one-way ANOVA*)

2. 일원변량분석에 대한 설명 중 맞는 것을 고르시오.
   ① 독립변인의 수는 두 개 이상이어야 한다
   ② 여러 집단 간 평균값의 차이를 비교하는 통계방법이다
   ③ 종속변인은 명명척도로 측정해야 한다
   ④ 변인 간의 빈도를 비교하는 통계방법이다

3. 일원변량분석에서 F 값을 어떻게 구하는지 맞는 것을 고르시오.

① 집단 간 변량을 집단 내 변량으로 나누어 구한다

② 집단 내 변량을 집단 간 변량으로 나누어 구한다

③ 전체 변량을 집단 내 변량으로 나누어 구한다

④ 전체 변량을 집단 간 변량으로 나누어 구한다

4. 〈거주지역〉이 〈텔레비전시청시간〉에 영향을 준다는 가설을 검증하기 위해 일원변량 분석을 한 결과, 자유도는 2와 22, F 값은 15.90, 유의확률은 0.001로 유의미하다고 나왔을 때 두 변인 간의 설명 중 맞는 것을 고르시오.

① 〈거주지역〉에 〈텔레비전시청시간〉에 차이가 없다는 결론을 내린다

② 〈거주지역〉과 〈텔레비전시청시간〉 간의 상관관계는 크다는 결론을 내린다

③ 〈거주지역〉에 따라 〈텔레비전시청시간〉에 차이가 난다는 결론을 내린다

④ 〈거주지역〉과 〈텔레비전시청시간〉 간의 상관관계는 작다는 결론을 내린다

5. 일원변량분석에서 집단 간 차이의 사후검증에 대한 설명 중 맞는 것을 고르시오.

① 독립변인의 집단이 세 집단 이상일 때는 반드시 집단 간 차이의 사후검증을 실시해야 한다

② 집단 간 차이의 사후검증은 에타 제곱을 통해 이루어진다

③ 독립변인의 집단이 세 집단 이상일 때에도 집단 간 차이의 사후검증을 할 필요는 없다

④ 집단 간 차이의 사후검증은 카이제곱(χ^2)을 통해 이루어진다

6. "에타 제곱은 ( )에서 ( )까지 변화한다"에서 ( )에 들어갈 숫자를 맞게 짝지어진 것을 고르시오.

① −1.0, +1.0

② 0.0, +1.0

③ −0.5, 0.0

④ +0.5, +1.0

7. 〈지역〉과 〈스마트폰 이용시간〉 간의 에타 제곱이 0.5일 때 두 변인 간의 설명 중 맞는 것을 고르시오.

① 〈연령〉과 〈스마트폰 이용시간〉 간의 상관관계는 거의 없다는 결론을 내린다
② 〈연령〉과 〈스마트폰 이용시간〉 간의 상관관계는 어느 정도 있다는 결론을 내린다
③ 〈연령〉과 〈스마트폰 이용시간〉 간의 상관관계는 매우 높다는 결론을 내린다
④ 〈연령〉과 〈스마트폰 이용시간〉 간의 상관관계는 상당히 깊다는 결론을 내린다

해답: p. 262

상관관계분석(*correlation analysis*) • 13

이 장에서는 등간척도(또는 비율척도)로 측정한 두 개 이상 여러 개 변인 간의 상관관계를 분석하는 상관관계분석(*correlation analysis*)을 살펴본다.

1. 정의

상관관계분석(*correlation analysis*)은 〈표 13-1〉에서 보듯이 등간척도(또는 비율척도)로 측정한 두 개 이상 여러 개 변인 간의 상관관계 계수를 분석하는 통계방법이다. 상관관계 계수는 'r'(영어 알파벳 R의 소문자)로 표기한다. 상관관계 계수는 영어의 'Pearson correlation coefficient', 'Pearson product-moment correlation coefficient', 또는 'Zero-order correlation coefficient'를 번역한 용어다. 상관관계분석은 변인 간의 인과관계를 분석하지 않고 상호관계만을 분석하기 때문에 변인을 독립변인과 종속변인으로 구분하지 않는다.

  상관관계분석을 사용하기 위한 조건을 알아보자.

1) 변인의 측정

상관관계분석에서 변인은 등간척도(또는 비율척도)로 측정돼야 한다.

2) 변인의 수

상관관계분석에서 분석하는 변인의 수는 두 개 이상 여러 개다. 분석하는 변인의 수는 여러 개지만 이들 간의 상관관계를 동시에 분석하는 것이 아니라 두 변인 간의 상관관계 계수만 분석한다. 예를 들어 〈연령〉과 〈수입〉, 〈교육〉 세 변인 간의 상관관계를 분석한다고 가정하자. 상관관계분석에서는 두 변인 간(① 〈연령〉과 〈수입〉, ② 〈연령〉과 〈교육〉, ③ 〈수입〉과 〈교육〉)의 상관관계 계수를 제시하고 유의도를 검증한다.

〈표 13-1〉 상관관계분석의 조건

1. 측정: 등간척도 (또는 비율척도)
2. 수: 두개 이상 여러 개

2. 연구절차

상관관계분석의 연구절차는, 〈표 13-2〉에 제시된 것처럼, 네 단계로 이루어진다.

첫째, 연구가설을 만든다. 변인의 측정과 수에 유의하여 연구가설을 만들 후 유의도 수준($p < 0.05$, 또는 $p < 0.01$)을 정한다.

둘째, 데이터를 수집하여 입력한 후 SPSS/PC$^+$ (20.0)의 상관관계분석을 실행하여 분석에 필요한 결과를 얻는다.

셋째, 결과 분석의 첫 번째 단계로 전제를 검증한다. 상관관계분석의 사용 여부를 판

〈표 13-2〉 상관관계분석의 연구절차

1. 연구가설 제시
   1) 변인의 수는 두 개 이상 여러 개이고, 등간척도 (또는 비율척도)
      로 측정한다. 변인 간의 상호관계를 연구가설로 제시한다
   2) 유의도 수준을 정한다 ($p < 0.05$ 또는 $p < 0.01$)

   ⬇

2. 데이터 입력과 프로그램 실행
   1) 데이터를 수집하여 입력한다
   2) 상관관계분석을 실행하여 분석에 필요한 결과를 얻는다

   ⬇

3. 결과 분석 1: 분포의 정상성 전제 검증

   ⬇

4. 결과 분석 2: 유의도 검증

224

단하기 위해 연구가설을 검증하기에 앞서 분포의 정상성(*normality*) 전제를 검증한다.

넷째, 결과 분석의 두 번째 단계로 연구가설의 유의도를 검증한다. 변인 간의 상관관계 계수를 분석하고 유의도 검증을 통해 연구가설의 수용 여부를 결정한다.

3. 연구가설과 가상 데이터

1) 연구가설

(1) 연구가설
상관관계분석의 연구가설은 〈표 13-1〉에서 제시한 변인의 측정과 수의 조건만 충족된 다면 무엇이든 가능하다. 이 장에서는 〈연령〉과 〈수입〉, 〈영화관람비〉, 〈책구입비〉 네 변인 간의 상관관계가 있는지를 검증한다고 가정하자. 연구가설은 〈연령과 수입, 영화관 람비, 책구입비 간에 상호관계가 있다〉이다. 변인을 독립변인과 종속변인으로 구분하지 않는다는 점에 유의한다.

(2) 변인의 측정과 수
전체 변인의 수는 네 개이고, 〈연령〉은 응답자의 나이로 5점 척도(1 = 10대, 2 = 20대, 3 = 30대, 4 = 40대, 5 = 50대 이상)로 측정한다. 〈수입〉은 응답자의 월 평균소득(단위: 만 원)으로, 〈영화관람비〉와 〈책구입비〉는 각각 응답자의 월평균 영화관람비(단위: 만 원) 와 월평균 책구입비(단위: 만 원)로 측정한다.

(3) 유의도 수준
유의도 수준을 $p < 0.05$(또는 $\alpha < 0.05$)로 정한다. 유의확률이 0.05보다 작으면 연구 가설을 받아들이고, 0.05보다 크면 영가설을 받아들인다.

2) 가상 데이터

이 장에서 분석하는 〈표 13-3〉의 데이터는 필자가 임의적으로 만든 것이어서 표본의 수 (25명)가 적고, 결과가 꽤 잘 나오게 만들었다(이 데이터를 사용하여 상관관계분석을 실행 해 보기 바란다). 그러나 독자가 실제 연구하는 데이터는 표본의 수도 훨씬 많고, 이 장에 서 제시하는 것만큼 깔끔하게 잘 나오지 않을 수 있다.

<표 13-3> 상관관계분석의 가상 데이터

응답자	연령	수입	영화 관람비	책 구입비	응답자	연령	수입	영화 관람비	책 구입비
1	1	200	5	2	14	3	300	3	3
2	1	100	3	2	15	3	400	5	2
3	1	200	4	1	16	4	400	3	4
4	1	300	2	4	17	4	300	3	3
5	1	200	3	3	18	4	300	4	3
6	2	100	2	2	19	4	500	3	4
7	2	200	3	1	20	4	400	2	5
8	2	300	2	2	21	5	400	1	3
9	2	300	3	4	22	5	300	2	4
10	2	400	4	3	23	5	300	3	5
11	3	300	2	4	24	5	400	2	3
12	3	400	2	3	25	5	500	1	4
13	3	400	3	3					

4. SPSS/PC⁺ 실행방법

[실행방법 1]

메뉴판의 [분석(A)]을 선택하여 [이변량 상관계수(B)]를 클릭한다.

[실행방법 2]

[이변량 상관계수] 창이 나타나면, 왼쪽 칸에서 오른쪽 [변수 (V)] 칸으로 분석하고자 하는 변인을 클릭하여 이동시킨다(➡). [상관계수]의 [☑ Pearson], [유의성 검정]의 [◉ 양쪽(T)], [☑ 유의한 상관계수 별표시(F)]는 기본으로 설정되어 있다. 오른쪽의 [옵션]을 클릭한다.

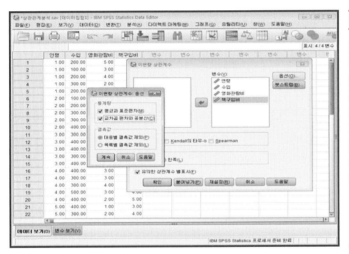

[실행방법 3]

[이변량 상관계수: 옵션] 창이 나타나면, [통계량]의 [☑ 평균과 표준편차(M)], [☑ 교차곱 편차와 공분산(C)]을 클릭한다. [결측값]의 [◉ 대응별 결측값 제외(P)]는 기본으로 설정되어 있다. 아래의 [계속]을 클릭한다. [실행방법 2]의 [이변량 상관계수]창으로 다시 돌아가 [확인]을 클릭한다.

[분석결과 1]

분석결과가 새로운 창에 *출력결과1 [문서1]로 나타난다. [기술통계량] 표에는 분석에 사용된 〈연령〉, 〈수입〉, 〈영화관람비〉, 〈책구입비〉의 평균값, 표준편차, 사례 수가 각각 제시된다.

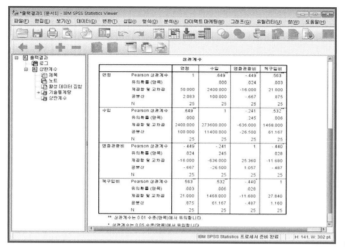

[분석결과 2]

[상관계수] 표에는 〈연령〉, 〈수입〉, 〈영화관람비〉, 〈책구입비〉 네 변인의 Pearson 상관계수, 유의확률 (양쪽), 사례 수 등이 나타난다.

5. 결과 분석 1: 분포의 정상성 검증

분포의 정상성(*normality*)의 의미는 이미 제 9장 추리통계의 기초의 정상분포곡선(*normal distribution curve*)에서 살펴봤기 때문에 여기서는 간략하게 설명한다. 상관관계분석을 제대로 사용하기 위해서는 등간척도(또는 비율척도)로 측정한 변인의 분포가 정상분포여야 한다. 정상분포가 아니라면 변인 간의 상관관계 계수를 정확하게 계산할 수 없고, 그 의미도 파악할 수 없다.

분포의 정상성은 제 8장 기술통계에서 살펴 본 왜도(*skewness*) 값과 첨도(*kurtosis*) 값으로 검증하는데 두 값 중 하나라도 │±1│(±1의 절대값)보다 크면 정상분포가 아니기 때문에 상관관계분석을 사용해서는 안 된다. 그러나 표본의 크기가 상당히 크면 표본의 분포를 정상분포로 간주한다는 중앙집중한계정리(*central limit theorem*) 때문에 표본의 크기가 클 때(객관적 기준이 있지는 않지만 약 150~200명 이상)에는 분포의 정상성 검증 결과에 관계없이 상관관계분석을 사용할 수 있다.

6. 결과 분석 2: 유의도 검증

1) 상관관계 계수와 유의도 검증 결과 해석

상관관계분석은 상관관계 계수(*correlation coefficient*)를 분석하여 연구가설을 검증한다. 〈표 13-4〉 상관관계 계수 행렬(*correlation coefficient matrix*)은 〈연령〉과 〈수입〉, 〈영화 관람비〉, 〈책구입비〉 네 변인 간의 상관관계 계수와 유의도 검증 결과를 보여준다. 〈표 13-4〉의 열(*column*)과 행(*row*)에는 변인의 이름이 제시되고, 대각선에는 같은 변인 간의 상관관계 계수인 '1.0'(같은 변인이기 때문에 완벽하게 일치한다는 의미이다)이 제시된다. 대각선에 제시된 '1.0'의 위쪽과 아래쪽에는 변인 간의 상관관계 계수가 제시되는데, 위 쪽과 아래쪽에 제시된 값은 같다. 일반적으로 상관관계 계수 행렬은 대각선에 있는 '1.0' 과 아래쪽에 제시된 상관관계 계수를 제시한다. 위쪽에 제시된 상관관계 계수는 아래쪽 과 동일하기 때문에 제외한다. 상관관계 계수 밑에는 유의확률과 사례 수가 제시되는데, 유의확률 값이 0.05보다 크면 변인 간의 관계가 없다는 영가설을 받아들이고, 0.05보다 작으면 변인 간의 관계가 있다는 연구가설을 받아들인다.

〈연령〉과 〈수입〉(또는 〈수입〉과 〈연령〉) 간의 상관관계 계수는 '0.649'이고, 유의확률 값은 0.05보다 작은 '0.000'이기 때문에 연구가설을 받아들인다. 〈연령〉과 〈수입〉(또는 〈수입〉과 〈연령〉) 간의 관계는 상당히 깊은 정적(-)인 관계이기 때문에 〈연령〉이 높아 지면 〈수입〉도 늘어난다는 결론을 내린다.

〈연령〉과 〈영화관람비〉(또는 〈영화관람비〉와 〈연령〉) 간의 상관관계 계수는 '-0.449'이 고, 유의확률 값은 0.05보다 작은 '0.024'이기 때문에 연구가설을 받아들인다. 〈연령〉 과 〈영화관람비〉(또는 〈연령〉과 〈영화관람비〉) 간의 관계는 어느 정도 부적(-)인 관계이 기 때문에 〈연령〉이 높아지면 〈영화관람비〉는 감소한다는 결론을 내린다.

〈연령〉과 〈책구입비〉(또는 〈책구입비〉와 〈연령〉) 간의 상관관계 계수는 '0.563'이고, 유의확률 값은 0.05보다 작은 '0.003'이기 때문에 연구가설을 받아들인다. 〈연령〉과 〈책구입비〉(또는 〈책구입비〉와 〈연령〉) 간의 관계는 상당히 깊은 정적(+)인 관계이기 때문에 〈연령〉이 높아지면 〈책구입비〉도 늘어난다는 결론을 내린다.

〈수입〉과 〈영화관람비〉(또는 〈영화관람비〉와 〈수입〉) 간의 상관관계 계수는 '-0.241'이 고, 유의확률 값은 0.05보다 큰 '0.245'이기 때문에 두 변인 간의 관계는 없다는 영가설 을 받아들인다.

〈수입〉과 〈책구입비〉(또는 〈책구입비〉와 〈수입〉) 간의 상관관계 계수가 '0.532'이며 유 의확률 값도 0.05보다 작은 '0.006'이기 때문에 연구가설을 받아들인다. 〈수입〉과 〈책 구입비〉(또는 〈책구입비〉와 〈수입〉) 간의 관계는 상당히 깊은 정적(+)인 관계이기 때문

<표 13-4> 변인 간의 상관관계 계수 행렬

구 분	연 령	수 입	영화관람비	책구입비
연 령	1.00	0.649 p = 0.000	−0.449* p = 0.024	0.563* p = 0.003
수 입	0.649* p = 0.000	1.00	−0.241 p = 0.245	0.532* p = 0.006
영화관람비	−0.449* p = 0.024	−0.241 p = 0.245	1.00	−0.440* p = 0.028
책구입비	0.563* p = 0.003	0.532* p = 0.006	−0.440* p = 0.028	1.00

* $p < 0.05$

에 〈수입〉이 많아지면 〈책구입비〉도 늘어난다는 결론을 내린다.

〈영화관람비〉와 〈책구입비〉(또는 〈책구입비〉와 〈영화관람비〉) 간의 상관관계 계수는 '−0.440'이며 유의확률 값은 0.05보다 작은 '0.028'이기 때문에 연구가설을 받아들인다. 〈영화관람비〉와 〈책구입비〉(또는 〈책구입비〉와 〈영화관람비〉)는 어느 정도 부적(−)인 관계이기 때문에 〈영화관람비〉가 증가하면 〈책구입비〉가 줄어들거나, 〈책구입비〉가 증가하면 〈영화관람비〉가 감소한다는 결론을 내린다.

7. 상관관계 계수와 변량의 의미

1) 상관관계 계수: 1차 방정식

상관관계분석은 변인 간의 밀접성 정도를 보여주는 상관관계 계수를 통해 두 변인 간의 관계를 검증한다. 변인 간의 상관관계 계수는 '−1'에서 '0'을 거쳐 '+1'까지 변화한다(즉, $-1 \leq r \leq +1$). 상관관계 계수가 '0'이란 한 변인과 다른 변인 간의 관계가 없다는 것으로 한 변인의 값을 알아도 다른 변인의 값을 전혀 예측할 수 없다는 의미이다. 상관관계 계수가 '±1'이란 한 변인과 다른 변인 간의 관계가 완벽하게 일치한다는 것으로 한 변인의 값을 알면 다른 변인의 값을 정확하게 예측할 수 있다는 의미이다. '+'와 '−' 부호는 관계의 방향만 보여준다. 즉, 두 변인의 값이 같은 방향으로 변화하는가 또는 반대 방향으로 변화하는가만 보여주고, 밀접성의 정도는 같다. 예를 들어, 두 변인 간의 상관관계 계수가 +0.8이나 −0.8이라면 밀접성의 정도에서 볼 때 두 값은 같다. 그러나 관계의 방향은 정반대이기 때문에 +0.8은 한 변인의 값이 증가하면 다른 변인의 값도 증가하지만,

-0.8은 한 변인의 값이 증가하면 다른 변인의 값은 감소한다.

〈그림 13-1〉에서 보듯이 변인 간의 상관관계가 완벽한 정비례 관계라면 ①과 같은 1차 방정식 그래프가 된다. ②처럼 한 변인의 값이 증가할 때마다 다른 변인의 값도 일정하게 증가한다면 정적(+)인 상관관계가 있다고 말한다. 1차 방정식의 용어로 표현하면, 변인은 정비례 관계에 있다. ③처럼 한 변인의 값이 일정하게 변화(증가, 또는 감소)하는데 다른 변인의 값이 불규칙하게 변화한다면 상관관계가 없다고 말한다. ④처럼 한 변인의 값이 증가할 때마다 다른 변인의 값이 감소한다면 부적(-)인 상관관계가 있다고 말한다. 1차 방정식의 용어로 표현하면, 변인은 반비례 관계에 있다. 변인 간의 상관관계가 완벽한 반비례 관계라면 ⑤와 같은 1차 방정식 그래프가 된다.

〈그림 13-1〉 변인 간의 상관관계

① +1의 상관관계 계수

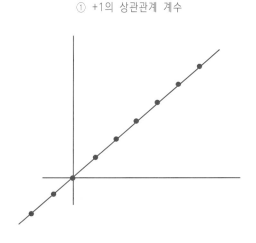

② +0.8의 상관관계 계수

③ 0의 상관관계 계수

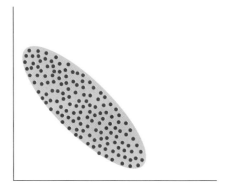

④ -0.8의 상관관계 계수

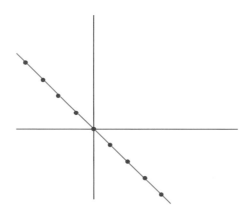

⑤ -1의 상관관계 계수

상관관계 계수를 해석하는 객관적 기준이 있는 것은 아니지만, 일반적으로 상관관계 계수가 '0에서 0.2 미만'이면 변인 간의 관계가 거의 없기 때문에 한 변인의 값을 알아도 다른 변인의 값을 거의 예측할 수 없다. '0.2 이상에서 0.4 미만'이면 변인 간의 관계가 약간 있기 때문에 한 변인의 값을 알면 다른 변인의 값을 어느 정도 예측할 수 있다. '0.4 이상에서 0.7 미만'이면 변인 간의 관계가 상당히 깊기 때문에 한 변인의 값을 알면 다른 변인의 값을 비교적 정확하게 예측할 수 있다. '0.7 이상에서 0.9 미만'이면 변인 간의 관계가 매우 깊기 때문에 한 변인의 값을 알면 다른 변인의 값을 상당히 정확하게 예측할 수 있다. '0.9 이상에서 1.0'이면 변인 간의 관계가 거의 일치하기 때문에 한 변인의 값을 알면 다른 변인의 값을 매우 정확하게 예측할 수 있다.

2) 결정계수의 의미: 설명변량

상관관계 계수를 제곱한 값(r^2)을 결정계수(*coefficient of determination*)라고 부르는데, 이 값은 두 변인이 겹친 부분으로서 설명변량(*explained variance*)을 의미한다. 예를 들어 〈연령〉과 〈수입〉 간의 상관관계 계수가 '0.649'라면 결정계수(r^2)은 '0.421'로서 전체 변량 '1'(또는 100%) 중에서 〈연령〉과 〈수입〉의 겹친 부분(즉, 설명변량)이 '0.421'(또는 42.1%)라는 의미이다. 결정계수(또는 설명변량)를 제곱근($\sqrt{}$)하면 상관관계 계수가 된다. 예를 들면, 결정계수 '0.421'을 제곱근하면 상관관계 계수는 '0.649'가 된다. 결정계수가 크다(즉, 설명변량이 크다)는 것은 두 변인 간의 밀접성의 정도, 즉, 상관관계 계수는 크다는 의미이다.

결정계수의 의미를 변량을 나타내는 두 개의 원으로 설명하면 〈그림 13-2〉와 같다. 〈그림 13-2〉의 ①처럼 상관관계 계수가 '0'일 때(결정계수: '0') 두 원은 서로 겹치는 부분이 전혀 없고(〈그림 13-1〉의 ③의 경우), 상관관계 계수가 ±1일 때(결정계수: '1') ④처럼 두 원은 완벽하게 겹친다(〈그림 13-1〉의 ①과 ⑤의 경우). 상관관계 계수가 ±0.8 정도일 때(결정계수: 0.64) ③처럼 두 원의 겹치는 부분은 상당히 크지만, 상관관계 계

〈그림 13-2〉 상관관계 계수의 변량

① 0 상관관계 계수   ② ±0.3 상관관계 계수

〈그림 13-2〉 계 속

③ ±0.8 상관관계 계수   ④ ±1 상관관계 계수

수가 ±0.3 정도일 때(결정계수: 0.09) ②처럼 두 원의 서로 겹치는 부분은 작다(〈그림 13-1〉의 ②와 ④의 경우).

3) 상관관계 계수와 공변량의 비교

등간척도(또는 비율척도)로 측정한 변인 간의 상관관계의 정도를 보여주는 값은 공변량(*covariance*)과 상관관계 계수(*correlation coefficient*)이다. 두 값은 변인 간의 밀접성의 정도를 보여준다는 점에서 같지만 계산 방법과 의미 해석에 차이가 있다. 공변량은 변인의 원점수를 이용하여 변인 간의 밀접성의 정도를 계산하기 때문에 변인의 측정 단위가 다를 때에는 다른 공변량과의 크기를 비교할 수 없다. 예를 들면 길이 170㎝, 무게 2,000g과 길이 1.7m와 무게 2kg은 같은 현상임에도 불구하고 측정 단위가 다르기 때문에 공변량을 계산하면 길이 170㎝와 2,000g이 큰 값을 갖는다. 반면 상관관계 계수는 원점수를 표준화해서 변인 간의 밀접성 정도를 계산하기 때문에 다른 상관관계 계수와의 크기를 비교할 수 있다. 예를 들어 〈수입〉과 〈교육〉 간의 상관관계 계수가 '0.7'이고 〈수입〉과 〈연령〉 간의 상관관계 계수가 '0.4'라면 〈수입〉과 〈교육〉 간의 상관관계가 〈수입〉과 〈연령〉 간의 상관관계보다 크다고 말한다.

〈표 13-5〉는 공변량과 상관관계 계수 공식을 보여준다. 공변량(COVxy)은 두 변인의 원점수에서 평균값을 뺀 값을 곱한 후 이를 더한 값을 사례 수에서 1을 뺀 값으로 나누어 계산한다. 반면 상관관계 계수(r)는 공변량(COVxy)을 두 변인의 표준편차를 곱한

〈표 13-5〉 공변량과 상관관계 계수

$$COVxy = \frac{\sum(X - X평균)(Y - Y평균)}{N-1}$$

$$r\,(상관관계\ 계수) = \frac{COVxy}{SxSy}$$

234

값으로 나누어 계산한다.

〈표 13-6〉에 제시된 가상 데이터(5명의 〈교육〉과 〈텔레비전시청시간〉의 원점수)를 사용하여 공변량과 상관관계 계수를 계산해 보자.

〈교육〉과 〈텔레비전시청시간〉의 공변량을 계산해 보자. 아래에서 보듯이 공변량은 각 변인의 개별 점수에서 평균값을 뺀 차이 점수를 곱한 후 사례 수 빼기 '1'의 값으로 나눈 값으로 '1.15'이다. 이 값은 〈교육〉과 〈텔레비전시청시간〉 간의 밀접성의 정도를 보여주는데 원점수를 사용했기 때문에 다른 공변량과 크기를 비교할 수 없다.

상관관계 계수를 계산해 보자. 아래에서 보듯이 〈교육〉과 〈텔레비전시청시간〉의 상관관계 계수는 공변량 '1.15'를 두 변인의 표준편차를 곱한 값으로 나눈 값으로 '0.775'이다. 이 값은 〈교육〉과 〈텔레비전시청시간〉 간의 밀접성의 정도를 보여주는데 표준화했기 때문에 다른 상관관계 계수와 크기를 비교할 수 있다.

〈표 13-6〉 〈교육〉과 〈텔레비전시청시간〉의 가상 데이터

응답자	교육		텔레비전시청시간	
	원점수	차이 점수	원점수	차이 점수
1	2	2 - 3.2 = -1.2	3	3 - 3.4 = -0.4
2	2	2 - 3.2 = -1.2	2	2 - 3.4 = -1.4
3	3	3 - 3.2 = -0.2	4	4 - 3.4 = +0.6
4	4	4 - 3.2 = +0.8	3	3 - 3.4 = -0.4
5	5	5 - 3.2 = +1.8	5	5 - 3.4 = +1.6
평균	3.2		3.4	
표준편차	1.30		1.14	

$$공변량 = \frac{(-1.2)(-0.4) + (-1.2)(-1.4) + (-0.2)(0.6) + (0.8)(0.4) + (1.8)(1.6)}{4}$$

$$= \frac{(0.48) + (1.68) + (-0.12) + (0.32) + (2.88)}{4}$$

$$= 1.15$$

$$상관관계\ 계수 = \frac{1.15}{1.30 \times 1.14}$$

$$= 0.775$$

8. 상관관계분석 논문작성법

1) 연구절차

(1) 상관관계분석에 적합한 연구가설을 만든다

연구가설	변 인	측 정
연령과 수입, TV시청시간, 신문구독시간 간에는 관계가 있다	연 령	응답자의 실제 나이를 측정
	수 입	응답자의 실제 월수입을 측정
	TV시청시간	응답자의 하루 평균 TV 시청시간을 측정
	신문구독시간	응답자의 하루 평균 신문구독시간을 측정

(2) 유의도 수준을 정한다: $p < 0.05$ (95%) 또는 $p < 0.01$ (99%) 중 하나를 결정한다

(3) 표본을 선정하여 데이터를 수집한 후 컴퓨터에 입력한다

(4) SPSS/PC$^+$ 프로그램 중 상관관계분석을 실행한다

2) 연구결과 제시 및 해석방법

(1) 상관관계 계수 행렬을 제시한다

상관관계분석을 하기 위해서는 〈표 13-4〉처럼 변인 간의 상관관계 계수와 유의도를 제시한다.

〈표 13-7〉 연령과 수입, TV시청시간, 신문구독시간 간의 상관관계 행렬

	연 령	수 입	TV시청시간	신문구독시간
연 령	1.0			
수 입	0.678*	1.0		
TV시청시간	-0.449*	-0.326	1.0	
신문구독시간	0.563*	0.570*	-0.440*	1.0

* 0.05 수준에서 유의미함.

(2) 상관관계 계수 행렬을 해석한다

〈표 13-7〉에서 보듯이 〈연령〉과 〈수입〉 간의 상관관계 계수는 '0.678'이고, 통계적으로 유의미한 것으로 나타났다. 즉, 〈연령〉과 〈수입〉 간의 관계는 연령이 높아지면 높아질수록 수입도 많아지는 정적인 관계를 보여주고, 매우 밀접한 것으로 보인다. 〈연령〉과 〈TV시청시간〉 간의 상관관계 계수는 '-0.449'이고, 통계적으로 유의미한 것으로 나타났다. 즉, 〈연령〉과 〈TV시청시간〉 간의 관계는 연령이 높아지면 높아질수록 TV시청시간은 줄어드는 부적인 관계를 보여주고, 상당히 밀접한 것으로 보인다. 〈연령〉과 〈신문구독시간〉 간의 상관관계 계수는 '0.563'으로서 통계적으로 유의미한 것으로 나타났다. 즉, 〈연령〉과 〈신문구독시간〉 간의 관계는 연령이 높아질수록 신문구독시간도 증가하는 정적인 관계를 보여주며, 매우 밀접한 것으로 보인다.

〈수입〉과 〈TV시청시간〉 간의 상관관계 계수는 '-0.326'이고, 통계적으로 의미가 없는 것으로 나타났다. 즉, 〈수입〉과 〈TV시청시간〉 간의 관계는 없는 것으로 보인다. 반면 〈수입〉과 〈신문구독시간〉 간의 상관관계 계수는 '0.570'으로서 통계적으로 유의미한 것으로 나타났다. 즉, 〈수입〉과 〈신문구독시간〉 간의 관계는 수입이 많아질수록 책구입비도 증가하는 정적인 관계를 보이고 있고, 매우 밀접한 것으로 보인다.

〈TV시청시간〉과 〈신문구독시간〉 간의 상관관계 계수는 '-0.440'이고, 통계적으로 유의미한 것으로 나타났다. 즉, 〈TV시청시간〉과 〈신문구독시간〉 간의 관계는 TV시청시간이 많아질수록 신문구독시간은 줄어드는 부적인 관계를 보여주고, 상당히 밀접한 것으로 보인다.

참고문헌

오택섭 · 최현철 (2003), 《사회과학 데이터 분석법 ②》, 나남.

Cohen, J. et al. (2002), *Applied Multiple Regression: Correlation Analysis for the Behavioral Science* (P. Cohen, ed.), Lawrence Erlbaum Associates.

Cohen, J., Cohen, P, West, S. G., & Aiken, L. S. (2003), *Applied Multiple Regression/ Correlation Analysis For Behavioral Science* (3rd ed.), Mahwah, NJ: Lawrence Earlbaum Associates.

Hastie, T. et al. (2001), *The Elements of Statistical Learning*, Springer Verlag.

Lomax, R. G., & Hahs-Vaughn, D. L. (2012), *An Introduction To Statistical Concepts* (3rd ed.), New York, NY: Routledge.

Miles, J., & Shevlin, M. (2001), *Applying Regression and Correlation: A Guide for Students and Researchers*, Sage Publications.

Nie, N. H. et al. (1975), *SPSS: Statistical Package for the Social Sciences* (2nd ed.), New York: McGraw-Hill Book Company.

Norusis, M. J. (2000), *SPSS 10.0 Guide to Data Analysis* (Book and Disk ed.), Prentice Hall.

Pallant, J. (2001), *SPSS Survival Manual: A Step By Step Guide to Data Analysis Using SPSS for Windows* (Version 10) (1st ed.), Open Univ Pr.

Pedhazur, E. J. (1997), *Multiple Regression in Behavioral Research* (3rd ed.), Wadsworth Publishing.

Pedhazur, E. J., & Schmelkin, L. (1991), *Measurement, Design, and Analysis: An Integrated Approach* (Student ed.), Lawrence Erlbaum Associates.

연습문제

주관식

1. 상관관계분석(*correlation analysis*)의 목적을 설명하시오.

2. 상관관계분석 프로그램을 실행해 보시오.

3. 상관관계계수(*correlation coefficient*)의 의미를 생각하시오.

4. 결정계수(*coefficient of determination*)의 의미를 설명하시오.

5. 상관관계계수와 공변량(*covariance*)을 비교해 설명해 보시오.

객관식

1. 등간척도(또는 비율척도)로 측정한 두 개 이상 여러 개 변인 간의 상호관계를 분석하는
   통계방법은 무엇인지 고르시오.
   ① 대응표본 t 검증(*paired sample t-test*)
   ② 일원변량분석(*one-way ANOVA*)
   ③ 상관관계분석(*correlation analysis*)
   ④ 문항 간 교차비교분석(χ^2 *analysis*)

2. 상관관계분석에 대한 설명 중 맞는 것을 고르시오.
   ① 독립변인과 종속변인의 구분을 한다
   ② 변인은 등간척도(또는 비율척도)로 측정해야 한다
   ③ 변인 간의 인과관계를 분석하는 방법이다
   ④ 변인의 수는 반드시 1개여야 한다

3. "상관관계 계수는 (   )에서 '0'을 거쳐 (   )까지 변화한다"에서 (   )에 들어갈 숫자를 맞게 짝지어진 것을 고르시오.

① −0.5, +1.0

② −1.0, +0.5

③ −0.5, +0.5

④ −1.0, +1.0

4. 상관관계 계수의 설명 중 맞는 것을 고르시오.

① 한 변인의 값이 일정하게 증가할 때마다 다른 변인의 값이 일정하게 감소한다면 부적(−)인 상관관계가 있다고 말한다

② 한 변인의 값이 일정하게 증가할 때마다 다른 변인의 값이 일정하게 증가한다면 부적(−)인 상관관계가 있다고 말한다

③ 한 변인의 값이 일정하게 증가할 때마다 다른 변인의 값이 불규칙하게 변화한다면 정적(+)인 상관관계가 있다고 말한다

④ 한 변인의 값이 일정하게 증가할 때마다 다른 변인의 값이 일정하게 감소한다면 정적(+)인 상관관계가 있다고 말한다

5. "결정계수는 (   )변량을 의미한다"에서 (   )에 들어갈 설명 중 맞는 것을 고르시오.

① 오차

② 전체

③ 설명

④ 잔차

6. 〈연령〉과 〈스마트폰 이용시간〉 간의 상관관계 계수가 0.3이고, 유의확률은 0.01로 유의미할 때 두 변인 간의 설명 중 맞는 것을 고르시오.

① 〈연령〉과 〈스마트폰 이용시간〉 간의 상호관계는 거의 없다는 결론을 내린다

② 〈연령〉과 〈스마트폰 이용시간〉 간의 상호관계는 어느 정도 있다는 결론을 내린다

③ 〈연령〉과 〈스마트폰 이용시간〉 간의 상호관계는 매우 높다는 결론을 내린다

④ 〈연령〉과 〈스마트폰 이용시간〉 간의 상호관계는 상당히 깊다는 결론을 내린다

해답: p. 262

부 록

〈부록 A〉 정상분포곡선 아래에서의 면적 비율

Col. 1	Col. 2	Col. 3	Col. 4	Col. 5	Col. 6	Col. 7	Col. 8
$+Z_1$	$P(0 \le Z \le Z_1)$	$P(\lvert Z \rvert \ge Z_1)$	y	y as a % of y at μ	$P(Z \le +Z_1)$	$P(Z \le -Z_1)$	$-Z_1$
0.00	.0000	1.0000	.3989	100.00	.5000	.5000	0.00
+0.01	.0040	.9920	.3989	99.99	.5040	.4960	-0.01
+0.02	.0080	.9840	.3989	99.98	.5080	.4920	-0.02
+0.03	.0120	.9761	.3988	99.95	.5120	.4880	-0.03
+0.04	.0160	.9681	.3986	99.92	.5160	.4840	-0.04
+0.05	.0199	.9601	.3984	99.87	.5199	.4801	-0.05
+0.06	.0239	.9522	.3982	99.82	.5239	.4761	-0.06
+0.07	.0279	.9442	.3980	99.76	.5279	.4721	-0.07
+0.08	.0319	.9382	.3977	99.68	.5319	.4681	-0.08
+0.09	.0359	.9283	.3973	99.60	.5359	.4641	-0.09
+0.10	.0398	.9203	.3970	99.50	.5398	.4602	-0.10
+0.11	.0438	.9124	.3965	99.40	.5438	.4562	-0.11
+0.12	.0478	.9045	.3961	99.28	.5478	4522	-0.12
+0.13	.0517	.8966	.3956	99.16	.5517	.4483	-0.13
+0.14	.0557	.9997	.3951	99.02	.5557	.4443	-0.14
+0.15	.0596	.8808	.3945	98.88	.5596	.4404	-0.15
+0.16	.0636	.8729	.3939	98.73	.5636	.4364	-0.16
+0.17	.0675	.8650	.3932	98.57	.5675	.4325	-0.17
+0.18	.0714	.8572	.3925	98.39	.5714	.4286	-0.18
+0.19	.0753	.8493	.3918	98.21	.5753	.4247	-0.19
+0.20	.0793	.8415	.3910	98.02	.5793	.4207	-0.20
+0.21	.0832	.8337	.3902	97.82	.5832	.4168	-0.21
+0.22	.0871	.8259	.3894	97.61	.5871	.4129	-0.22
+0.23	.0910	.8181	.3885	97.39	.5910	.4090	-0.23
+0.24	.0948	.8103	.3876	97.16	.5948	.4052	-0.24
+0.25	.0987	.8026	.3867	96.92	.5987	.4013	-0.25
+0.26	.1026	.7949	.3857	96.68	.6026	.3974	-0.26
+0.27	.1064	.7872	.3847	96.42	.6064	.3936	-0.27
+0.28	.1103	.7795	.3836	96.16	.6103	.3897	-0.28
+0.29	.1141	.7718	.3825	95.88	.6141	.3859	-0.29
+0.30	.1179	.7642	.3814	95.60	.6179	.3821	-0.30
+0.31	.1217	.7566	.3802	95.31	.6217	.3783	-0.31
+0.32	.1255	.7490	.3790	95.01	.6255	.3745	-0.32
+0.33	.1293	.7414	.3778	94.70	.6293	.3707	-0.33
+0.34	.1331	.7339	.3765	94.38	.6331	.3669	-0.34
+0.35	.1368	.7263	.3752	94.06	.6368	.3632	-0.35

출처: Paul J. Blommers & Robert A. Forsyth (1960), *Elementary Statistical Methods: In Psychology and Education* (2nd ed.), Houghton Mifflin Company.

<〈부록 A〉계 속>

Col. 1	Col. 2	Col. 3	Col. 4	Col. 5	Col. 6	Col. 7	Col. 8
$+Z_1$	$P\,(0 \leq Z \leq Z_1)$	$P\,(\lvert Z \rvert \geq Z_1)$	y	y as a % of y at μ	$P\,(Z \leq +Z_1)$	$P\,(Z \leq -Z_1)$	$-Z_1$
+0.36	.1406	.7188	.3739	93.73	.6406	.3594	−0.36
+0.37	.1443	.7114	.3725	93.38	.6443	.3557	−0.37
+0.38	.1480	.7040	.3712	93.03	.6480	.3520	−0.38
+0.39	.1517	.6965	.3697	92.68	.6517	.3483	−0.39
+0.40	.1554	.6892	.3683	92.31	.6554	.3446	−0.40
+0.41	.1591	.6818	.3668	91.94	.6591	.3409	−0.41
+0.42	.1628	.6745	.3653	91.56	.6628	.3372	−0.42
+0.43	.1164	.6672	.3637	91.17	.6664	.3336	−0.43
+0.44	.1700	.6599	.3621	90.77	.6700	.3300	−0.44
+0.45	.1736	.6527	.3605	90.37	.6736	.3264	−0.45
+0.46	.1772	.6455	.3589	89.96	.6772	.3228	−0.46
+0.47	.1808	.3684	.3572	89.54	.6808	.3192	−0.47
+0.48	.1844	.6312	.3555	89.12	.6844	.3156	−0.48
+0.49	.1879	.6241	.3538	88.69	.6879	.3121	−0.49
+0.50	.1915	.6171	.3521	88.25	.6915	.3085	−0.50
+0.51	.1950	.6101	.3503	87.81	.6950	.3050	−0.51
+0.52	.1985	.6031	.3485	87.35	.6985	.3015	−0.52
+0.53	.2019	.5961	.3467	86.90	.7019	.2981	−0.53
+0.54	.2054	.5892	.3448	86.43	.7054	.2946	−0.54
+0.55	.2088	.5823	.3429	85.96	.7088	.2912	−0.55
+0.56	.2123	.5755	.3410	85.49	.7123	.2877	−0.56
+0.57	.2157	.5687	.3391	85.01	.7157	.2843	−0.57
+0.58	.2190	.5619	.3372	84.52	.7190	.2810	−0.58
+0.59	.2224	.5552	.3352	84.03	.7224	.2776	−0.59
+0.60	.2257	.5485	.3332	83.53	.7257	.2743	−0.60
+0.61	.2291	.5419	.3312	83.02	.7291	.2709	−0.61
+0.62	.2324	.5353	.3292	82.51	.7324	.2676	−0.62
+0.63	.2357	.5287	.3271	82.00	.7357	.2643	−0.63
+0.64	.2389	.5222	.3251	81.48	.7389	.2611	−0.64
+0.65	.2422	.5157	.3230	80.96	.7422	.2578	−0.65
+0.66	.2454	.5093	.3209	80.43	.7454	.2546	−0.66
+0.67	.2486	.5029	.3187	79.90	.7486	.2514	−0.67
+0.68	.2517	.4965	.3166	79.36	.7517	.2483	−0.68
+0.69	.2549	.4902	.3144	78.82	.7549	.2451	−0.69
+0.70	.2580	.4839	.3123	78.27	.7580	.2420	−0.70

Col. 1	Col. 2	Col. 3	Col. 4	Col. 5	Col. 6	Col. 7	Col. 8
$+Z_1$	$P\,(0 \le Z \le Z_1)$	$P\,(\lvert Z \rvert \ge Z_1)$	y	y as a % of y at μ	$P\,(Z \le +Z_1)$	$P\,(Z \le -Z_1)$	$-Z_1$
+0.71	.2611	.4777	.3101	77.72	.7611	.2389	−0.71
+0.72	.2642	.4715	.3079	77.17	.7642	.2358	−0.72
+0.73	.2673	.4654	.3056	76.61	.7673	.2327	−0.73
+0.74	.2704	.4593	.3034	76.05	.7704	.2296	−0.74
+0.75	.2734	.4533	.3011	75.48	.7734	.2266	−0.75
+0.76	.2764	.4473	.2989	74.92	.7764	.2236	−0.76
+0.77	.2794	.4413	.2966	74.35	.7794	.2206	−0.77
+0.78	.2823	.4354	.2943	73.77	.7823	.2177	−0.78
+0.79	.2852	.4296	.2920	73.19	.7852	.2148	−0.79
+0.80	.2881	.4237	.2897	72.61	.7881	.2119	−0.80
+0.81	.2910	.4179	.2874	72.03	.7910	.2090	−0.81
+0.82	.2939	.4122	.2850	71.45	.7939	.2061	−0.82
+0.83	.2967	.4065	.2827	70.86	.7967	.2033	−0.83
+0.84	.2995	.4009	.2803	70.27	.7995	.2005	−0.84
+0.85	.3023	.3953	.2780	69.68	.8023	.1977	−0.85
+0.86	.3051	.3898	.2756	69.09	.8051	.1949	−0.86
+0.87	.3078	.3843	.2732	68.49	.8078	.1922	−0.87
+0.88	.3106	.3789	.2709	67.90	.8106	.1894	−0.88
+0.89	.3133	.3735	.2685	67.30	.8133	.1867	−0.89
+0.90	.3159	.3681	.2661	66.70	.8159	.1841	−0.90
+0.91	.3186	.3628	.2637	66.10	.8186	.1814	−0.91
+0.92	.3212	.3576	.2613	65.49	.8212	.1788	−0.92
+0.93	.3238	.3524	.2589	64.89	.8238	.1762	−0.93
+0.94	.3264	.3472	.2565	64.29	.8264	.1736	−0.94
+0.95	.3289	.3421	.2541	63.68	.8289	.1711	−0.95
+0.96	.3315	.3371	.2516	63.08	.8315	.1685	−0.96
+0.97	.3340	.3320	.2492	62.47	.8340	.1660	−0.97
+0.98	.3365	.3271	.2468	61.87	.8365	.1635	−0.98
+0.99	.3389	.3222	.2444	61.26	.8389	.1611	−0.99
+1.00	.3413	.3173	.2420	60.65	.8413	.1587	−1.00
+1.01	.3438	.3125	.2396	60.05	.8438	.1562	−1.01
+1.02	.3461	.3077	.2371	59.44	.8461	.1539	−1.02
+1.03	.3485	.3030	.2347	58.83	.8485	.1515	−1.03
+1.04	.3508	.2983	.2323	58.23	.8508	.1492	−1.04
+1.05	.3531	.2937	.2299	57.62	.8531	.1469	−1.05

⟨부록 A⟩ 계 속

Col. 1	Col. 2	Col. 3	Col. 4	Col. 5	Col. 6	Col. 7	Col. 8
$+Z_1$	$P(0 \leq Z \leq Z_1)$	$P(|Z| \geq Z_1)$	y	y as a % of y at μ	$P(Z \leq +Z_1)$	$P(Z \leq -Z_1)$	$-Z_1$
+1.06	.3554	.2891	.2275	57.02	.8554	.1446	−1.06
+1.07	.3577	.2846	.2251	56.41	.8577	.1423	−1.07
+1.08	.3599	.2801	.2227	55.81	.8599	.1401	−1.08
+1.09	.3621	.2757	.2203	55.21	.8621	.1379	−1.09
+1.10	.3643	.2713	.2179	54.61	.8643	.1357	−1.10
+1.11	.3665	.2670	.2155	54.01	.8665	.1335	−1.11
+1.12	.3686	.2627	.2131	53.41	.8686	.1314	−1.12
+1.13	.3708	.2585	.2107	52.81	.8708	.1292	−1.13
+1.14	.3729	.2543	.2083	52.22	.8729	.1271	−1.14
+1.15	.3749	.2501	.2059	51.62	.8749	.1251	−1.15
+1.16	.3770	.2460	.2036	51.03	.8770	.1230	−1.16
+1.17	.3790	.2420	.2012	50.44	.8790	.1210	−1.17
+1.18	.3810	.2380	.1989	49.85	.8810	.1190	−1.18
+1.19	.3830	.2340	.1965	49.26	.8830	.1170	−1.19
+1.20	.3849	.2301	.1942	48.68	.8849	.1151	−1.20
+1.21	.3869	.2263	.1919	48.09	.8869	.1131	−1.21
+1.22	.3888	.2225	.1895	47.51	.8888	.1112	−1.22
+1.23	.3907	.2187	.1872	46.93	.8907	.1093	−1.23
+1.24	.3925	.2150	.1849	46.36	.8925	.1075	−1.24
+1.25	.3944	.2113	.1826	45.78	.8944	.1056	−1.25
+1.26	.3962	.2077	.1804	45.21	.8962	.1038	−1.26
+1.27	.3980	.2041	.1781	44.64	.8980	.1020	−1.27
+1.28	.3997	.2005	.1758	44.08	.8997	.1003	−1.28
+1.29	.4015	.1971	.1736	43.52	.9015	.0985	−1.29
+1.30	.4032	.1936	.1714	42.96	.9032	.0968	−1.30
+1.31	.4049	.1902	.1691	42.40	.9049	.0951	−1.31
+1.32	.4066	.1868	.1669	41.84	.9066	.0934	−1.32
+1.33	.4082	.1835	.1647	41.29	.9082	.0918	−1.33
+1.34	.4099	.1802	.1626	40.75	.9099	.0901	−1.34
+1.35	.4115	.1770	.1604	40.20	.9115	.0885	−1.35
+1.36	.4131	.1738	.1582	39.66	.9131	.0869	−1.36
+1.37	.4147	.1707	.1561	39.12	.9147	.0853	−1.37
+1.38	.4162	.1676	.1539	38.59	.9162	.0838	−1.38
+1.39	.4177	.1645	.1518	38.06	.9177	.0823	−1.39
+1.40	.4192	.1615	.1497	37.53	.9192	.0808	−1.40

Col. 1	Col. 2	Col. 3	Col. 4	Col. 5	Col. 6	Col. 7	Col. 8
$+Z_1$	$P\,(0 \leq Z \leq Z_1)$	$P\,(\vert Z \vert \geq Z_1)$	y	y as a % of y at μ	$P\,(Z \leq +Z_1)$	$P\,(Z \leq -Z_1)$	$-Z_1$
+1.41	.4207	.1585	.1476	37.01	.9207	.0793	−1.41
+1.42	.4222	.1556	.1456	36.49	.9222	.0778	−1.42
+1.43	.4236	.1527	.1435	35.97	.9236	.0764	−1.43
+1.44	.4251	.1499	.1415	35.46	.9251	.0749	−1.44
+1.45	.4265	.1471	.1394	34.95	.9265	.0735	−1.45
+1.46	.4279	.1443	.1374	34.45	.9279	.0721	−1.46
+1.47	.4292	.1416	.1354	33.94	.9292	.0708	−1.47
+1.48	.4306	.1389	.1334	33.45	.9306	.0694	−1.48
+1.49	.4319	.1362	.1315	32.95	.9319	.0681	−1.49
+1.50	.4332	.1336	.1295	32.47	.9332	.0668	−1.50
+1.51	.4345	.1310	.1276	31.98	.9345	.0655	−1.51
+1.52	.4357	.1285	.1257	31.50	.9357	.0643	−1.52
+1.53	.4370	.1260	.1238	31.02	.9370	.0630	−1.53
+1.54	.4382	.1236	.1219	30.55	.9382	.0618	−1.54
+1.55	.4394	.1211	.1200	30.08	.9394	.0606	−1.55
+1.56	.4406	.1188	.1182	29.62	.9406	.0594	−1.56
+1.57	.4418	.1164	.1163	29.16	.9418	.0582	−1.57
+1.58	.4429	.1141	.1145	28.70	.9429	.0571	−1.58
+1.59	.4441	.1118	.1127	28.25	.9441	.0559	−1.59
+1.60	.4452	.1096	.1109	27.80	.9452	.0548	−1.60
+1.61	.4463	.1074	.1092	27.36	.9463	.0537	−1.61
+1.62	.4474	.1052	.1074	26.92	.9474	.0526	−1.62
+1.63	.4484	.1031	.1057	26.49	.9484	.0516	−1.63
+1.64	.4495	.1010	.1040	26.06	.9495	.0505	−1.64
+1.65	.4505	.0990	.1023	25.63	.9505	.0495	−1.65
+1.66	.4515	.0969	.1006	25.21	.9515	.0485	−1.66
+1.67	.4525	.0949	.0989	24.80	.9525	.0475	−1.67
+1.68	.4535	.0930	.0973	24.39	.9535	.0465	−1.68
+1.69	.4545	.0910	.0957	23.98	.9545	.0455	−1.69
+1.70	.4554	.0891	.0940	23.57	.9554	.0446	−1.70
+1.71	.4564	.0873	.0925	23.18	.9564	.0436	−1.71
+1.72	.4573	.0854	.0909	22.78	.9573	.0427	−1.72
+1.73	.4582	.0836	.0893	22.39	.9582	.0418	−1.73
+1.74	.4591	.0819	.0878	22.01	.9591	.0409	−1.74
+1.75	.4599	.0801	.0863	21.63	.9599	.0401	−1.75

Col. 1	Col. 2	Col. 3	Col. 4	Col. 5	Col. 6	Col. 7	Col. 8
$+Z_1$	$P\,(0 \le Z \le Z_1)$	$P\,(|Z| \ge Z_1)$	y	y as a % of y at μ	$P\,(Z \le +Z_1)$	$P\,(Z \le -Z_1)$	$-Z_1$
+1.76	.4608	.0784	.0848	21.25	.9608	.0392	−1.76
+1.77	.4616	.0767	.0833	20.88	.9616	.0384	−1.77
+1.78	.4625	.0751	.0818	20.51	.9625	.0375	−1.78
+1.79	.4633	.0735	.0804	20.15	.9633	.0367	−1.79
+1.80	.4641	.0719	.0790	19.79	.9641	.0359	−1.80
+1.81	.4649	.0703	.0775	19.44	.9649	.0351	−1.81
+1.82	.4656	.0688	.0761	19.09	.9656	.0344	−1.82
+1.83	.4664	.0673	.0748	18.74	.9664	.0336	−1.83
+1.84	.4671	.0658	.0734	18.40	.9671	.0329	−1.84
+1.85	.4678	.0643	.0721	18.06	.9678	.0322	−1.85
+1.86	.4686	.0629	.0707	17.73	.9686	.0314	−1.86
+1.87	.4693	.0615	.0694	17.40	.9693	.0307	−1.87
+1.88	.4699	.0601	.0681	17.08	.9699	.0301	−1.88
+1.89	.4706	.0588	.0669	16.76	.9706	.0294	−1.89
+1.90	.4713	.0574	.0656	16.45	.9713	.0287	
+1.91	.4719	.0561	.0644	16.14	.9719	.0281	−1.91
+1.92	.4726	.0549	.0632	15.83	.9726	.0274	−1.92
+1.93	.4732	.0536	.0620	15.53	.9732	.0268	−1.93
+1.94	.4738	.0524	.0608	15.23	.9738	.0262	−1.94
+1.95	.4744	.0512	.0596	14.94	.9744	.0256	−1.95
+1.96	.4750	.0500	.0584	14.65	.9750	.0250	−1.96
+1.97	.4756	.0488	.0573	14.36	.9756	.0244	−1.97
+1.98	.4761	.0477	.0562	14.08	.9761	.0239	−1.98
+1.99	.4767	.0466	.0551	13.81	.9767	.0233	−1.99
+2.00	.4772	.0455	.0540	13.53	.9772	.0228	
+2.01	.4778	.0444	.0529	13.26	.9778	.0222	−2.01
+2.02	.4783	.0434	.0519	13.00	.9783	.0217	−2.02
+2.03	.4788	.0424	.0508	12.74	.9788	.0212	−2.03
+2.04	.4793	.0414	.0498	12.48	.9793	.0207	−2.04
+2.05	.4798	.0404	.0488	12.23	.9798	.0202	−2.05
+2.06	.4803	.0394	.0478	11.98	.9803	.0197	−2.06
+2.07	.4808	.0385	.0468	11.74	.9808	.0192	−2.07
+2.08	.4812	.0375	.0459	11.50	.9812	.0188	−2.08
+2.09	.4817	.0366	.0449	11.26	.9817	.0183	−2.09
+2.10	.4821	.0357	.0440	11.03	.9821	.0179	−2.10

Col. 1	Col. 2	Col. 3	Col. 4	Col. 5	Col. 6	Col. 7	Col. 8
$+Z_1$	$P(0 \leq Z \leq Z_1)$	$P(|Z| \geq Z_1)$	y	y as a % of y at μ	$P(Z \leq +Z_1)$	$P(Z \leq -Z_1)$	$-Z_1$
+2.11	.4826	.0349	.0431	10.80	.9826	.0174	−2.11
+2.12	.4830	.0340	.0422	10.57	.9830	.0170	−2.12
+2.13	.4834	.0332	.0413	10.35	.9834	.0166	−2.13
+2.14	.4838	.0324	.0404	10.13	.9838	.0162	−2.14
+2.15	.4842	.0316	.0396	09.91	.9842	.0158	−2.15
+2.16	.4846	.0308	.0387	03.70	.9846	.0154	−2.16
+2.17	.4850	.0300	.0379	09.49	.9850	.0150	−2.17
+2.18	.4854	.0293	.0371	09.29	.9854	.0146	−2.18
+2.19	.4857	.0285	.0363	09.09	.9857	.0143	−2.19
+2.20	.4861	.0278	.0355	08.89	.9861	.0139	
+2.21	.4864	.0271	.0347	08.70	.9864	.0136	−2.21
+2.22	.4868	.0264	.0339	08.51	.9868	.0132	−2.22
+2.23	.4871	.0257	.0332	08.32	.9871	.0129	−2.23
+2.24	.4875	.0251	.0325	08.14	.9875	.0125	−2.24
+2.25	.4878	.0244	.0317	07.96	.9878	.0122	−2.25
+2.26	.4881	.0238	.0310	07.78	.9881	.0119	−2.26
+2.27	.4884	.0232	.0303	07.60	.9884	.0116	−2.27
+2.28	.4887	.0226	.0297	07.43	.9887	.0113	−2.28
+2.29	.4890	.0220	.0290	07.27	.9890	.0110	−2.29
+2.30	.4893	.0214	.0283	07.10	.9893	.0107	−2.30
+2.31	.4896	.0209	.0277	06.94	.9896	.0104	−2.31
+2.32	.4898	.0203	.0270	06.78	.9898	.0102	−2.32
+2.33	.4901	.0198	.0264	06.62	.9901	.0099	−2.33
+2.34	.4904	.0193	.0258	06.47	.9904	.0096	−2.34
+2.35	.4906	.0188	.0252	06.32	.9906	.0094	−2.35
+2.36	.4909	.0183	.0246	06.17	.9909	.0091	−2.36
+2.37	.4911	.0178	.0241	06.03	.9911	.0089	−2.37
+2.38	.4913	.0173	.0235	05.89	.9913	.0087	−2.38
+2.39	.4916	.0168	.0229	05.75	.9916	.0084	−2.39
+2.40	.4918	.0164	.0224	05.61	.9918	.0082	−2.40
+2.41	.4920	.0160	.0219	05.48	.9920	.0080	−2.41
+2.42	.4922	.0155	.0213	05.35	.9922	.0078	−2.42
+2.43	.4925	.0151	.0208	05.22	.9925	.0075	−2.43
+2.44	.4927	.0147	.0203	05.10	.9927	.0073	−2.44
+2.45	.4929	.0143	.0198	04.97	.9929	.0071	−2.45

Col. 1	Col. 2	Col. 3	Col. 4	Col. 5	Col. 6	Col. 7	Col. 8
$+Z_1$	$P\,(0 \leq Z \leq Z_1)$	$P\,(\mid Z \mid \geq Z_1)$	y	y as a % of y at μ	$P\,(Z \leq +Z_1)$	$P\,(Z \leq -Z_1)$	$-Z_1$
+2.46	.4931	.0139	.0194	04.85	.9931	.0069	−2.46
+2.47	.4932	.0135	.0189	04.73	.9932	.0068	−2.47
+2.48	.4934	.0131	.0184	04.62	.9934	.0066	−2.48
+2.49	.4936	.0128	.0180	04.50	.9936	.0064	−2.49
+2.50	.4938	.0124	.0175	04.39	.9938	.0062	−2.50
+2.51	.4940	.0121	.0171	04.29	.9940	.0060	−2.51
+2.52	.4941	.0117	.0167	04.18	.9941	.0059	−2.52
+2.53	.4943	.0114	.0163	04.07	.9943	.0057	−2.53
+2.54	.4945	.0111	.0158	03.97	.9945	.0055	−2.54
+2.55	.4946	.0108	.0154	03.87	.9946	.0054	−2.55
+2.56	.4948	.0105	.0151	03.77	.9948	.0052	−2.56
+2.57	.4949	.0102	.0174	03.68	.9949	.0051	−2.57
+2.58	.4951	.0099	.0143	03.59	.9951	.0049	−2.58
+2.59	.4952	.0096	.0139	03.49	.9952	.0048	−2.59
+2.60	.4953	.0093	.0136	03.40	.9953	.0047	−2.60
+2.61	.4955	.0091	.0132	03.32	.9955	.0045	−2.61
+2.62	.4056	.0088	.0129	03.23	.9956	.0044	−2.62
+2.63	.4957	.0085	.0126	03.15	.9957	.0043	−2.63
+2.64	.4959	.0083	.0122	03.07	.9959	.0041	−2.64
+2.65	.4960	.0080	.0119	02.29	.9960	.0040	−2.65
+2.66	.4961	.0078	.0116	02.91	.9961	.0039	−2.66
+2.67	.4962	.0076	.0113	02.83	.9962	.0038	−2.67
+2.68	.4963	.0074	.0110	02.76	.963	.0037	−2.68
+2.69	.4964	.0071	.0107	02.68	.9964	.0036	−2.69
+2.70	.4965	.0069	.0104	02.61	.9965	.0035	−2.70
+2.71	.4966	.0067	.0101	02.54	.9966	.0034	−2.71
+2.72	.4967	.0065	.0099	02.47	.9967	.0033	−2.72
+2.73	.4968	.0063	.0096	02.41	.9968	.0032	−2.73
+2.74	.4969	.0061	.0093	02.34	.9969	.0031	−2.74
+2.75	.4970	.0060	.0091	02.28	.9970	.0030	−2.75
+2.76	.4971	.0058	.0088	02.22	.9971	.0029	−2.76
+2.77	.4972	.0056	.0086	02.16	.9972	.0028	−2.77
+2.78	.4973	.0054	.0084	02.10	.9973	.0027	−2.78
+2.79	.4974	.0053	.0081	02.04	.9974	.0026	−2.79
+2.80	.4974	.0051	.0079	01.98	.9974	.0026	−2.80

Col. 1	Col. 2	Col. 3	Col. 4	Col. 5	Col. 6	Col. 7	Col. 8
$+Z_1$	$P(0 \leq Z \leq Z_1)$	$P(\lvert Z \rvert \geq Z_1)$	y	y as a % of y at μ	$P(Z \leq +Z_1)$	$P(Z \leq -Z_1)$	$-Z_1$
+2.81	.4975	.0050	.0077	01.93	.9975	.0025	−2.81
+2.82	.4976	.0048	.0075	01.88	.9976	.0024	−2.82
+2.83	.4977	.0047	.0073	01.82	.9977	.0023	−2.83
+2.84	.4977	.0045	.0071	01.77	.9977	.0023	−2.84
+2.85	.4978	.0044	.0069	01.72	.9978	.0022	−2.85
+2.86	.4979	.0042	.0067	01.67	.9979	.0021	−2.86
+2.87	.4979	.0041	.0065	01.63	.9979	.0021	−2.87
+2.88	.4980	.0040	.0063	01.58	.9980	.0020	−2.88
+2.89	.4981	.0039	.0061	01.54	.9981	.0019	−2.89
+2.90	.4981	.0037	.0060	01.49	.9981	.0019	−2.90
+2.91	.4982	.0036	.0058	01.45	.9982	.0018	−2.91
+2.92	.4982	.0035	.0056	01.41	.9982	.0018	−2.92
+2.93	.4983	.0034	.0055	01.37	.9983	.0017	−2.93
+2.94	.4984	.0033	.0053	01.33	.9984	.0016	−2.94
+2.95	.4984	.0032	.0051	01.29	.9984	.0016	−2.95
+2.96	.4985	.0031	.0050	01.25	.9985	.0015	−2.96
+2.97	.4985	.0030	.0048	01.21	.9985	.0015	−2.97
+2.98	.4986	.0029	.0047	01.18	.9986	.0014	−2.98
+2.99	.4986	.0028	.0046	01.14	.9986	.0014	−2.99
+3.00	.4987	.0027	.0044	01.11	.9987	.0013	−3.00
+3.01	.4987	.0026	.0043	01.08	.9987	.0013	−3.01
+3.02	.4987	.0025	.0042	01.05	.9987	.0013	−3.02
+3.03	.4988	.0024	.0040	01.01	.9988	.0012	−3.03
+3.04	.4988	.0024	.0039	00.98	.9988	.0012	−3.04
+3.05	.4989	.0023	.0038	00.95	.9989	.0011	−3.05
+3.06	.4989	.0022	.0037	00.93	.9989	.0011	−3.06
+3.07	.4989	.0021	.0036	00.90	.9989	.0011	−3.07
+3.08	.4990	.0021	.0035	00.87	.9990	.0010	−3.08
+3.09	.4990	.0020	.0034	00.84	.9990	.0010	−3.09
+3.10	.4990	.0019	.0033	00.82	.9990	.0010	−3.10
+3.11	.4991	.0019	.0032	00.79	.9991	.0009	−3.11
+3.12	.4991	.0018	.0031	00.77	.9991	.0009	−3.12
+3.13	.4991	.0017	.0030	00.75	.9991	.0009	−3.13
+3.14	.4992	.0017	.0029	00.72	.9992	.0008	−3.14
+3.15	.4992	.0016	.0028	00.70	.9992	.0008	−3.15

Col. 1	Col. 2	Col. 3	Col. 4	Col. 5	Col. 6	Col. 7	Col. 8
$+Z_1$	$P(0 \leq Z \leq Z_1)$	$P(|Z| \geq Z_1)$	y	y as a % of y at μ	$P(Z \leq +Z_1)$	$P(Z \leq -Z_1)$	$-Z_1$
+3.16	.4992	.0016	.0027	00.68	.9992	.0008	−3.16
+3.17	.4992	.0015	.0026	00.66	.9992	.0008	−3.17
+3.18	.4993	.0015	.0025	00.64	.9993	.0007	−3.18
+3.19	.4993	.0014	.0025	00.62	.9993	.0007	−3.19
+3.20	.4993	.0014	.0024	00.60	.9993	.0007	−3.20
+3.21	.4993	.0013	.0023	00.58	.9993	.0007	−3.21
+3.22	.4994	.0013	.0022	00.56	.9994	.0006	−3.22
+3.23	.4994	.0012	.0022	00.54	.9994	.0006	−3.23
+3.24	.4994	.0012	.0021	00.53	.9994	.0006	−3.24
+3.25	.4994	.0012	.0020	00.51	.9994	.0006	−3.25
+3.26	.4994	.0011	.0020	00.49	.9994	.0006	−3.26
+3.27	.4995	.0011	.0019	00.48	.9995	.0005	−3.27
+3.28	.4995	.0010	.0018	00.46	.9995	.0005	−3.28
+3.29	.4995	.0010	.0018	00.45	.9995	.0005	−3.29
+3.30	.4995	.0010	.0017	00.43	.9995	.0005	−3.30
+3.35	.4996	.0008	.0015	00.37	.9996	.0004	−3.35
+3.40	.4997	.0007	.0012	00.31	.9997	.0003	−3.40
+3.45	.4997	.0006	.0010	00.26	.9997	.0003	−3.45
+3.50	.4998	.0005	.0009	00.22	.9998	.0002	−3.50
+3.55	.4998	.0004	.0007	00.18	.9998	.0002	−3.55
+3.60	.4998	.0003	.0006	00.15	.9998	.0002	−3.60
+3.65	.4999	.0003	.0005	00.13	.9999	.0001	−3.65
+3.70	.4999	.0002	.0004	00.11	.9999	.0001	−3.70
+3.75	.4999	.0002	.0004	00.09	.9999	.0001	−3.75
+3.80	.4999	.0001	.0003	00.07	.9999	.0001	
+3.85	.4999	.0001	.0002	00.06	.9999	.0001	−3.85
+3.90	.49995	.0001	.0002	00.05	.99995	.0001	−3.90
+3.95	.49996	.0001	.0002	00.04	.99996	.00004	−3.95
+4.00	.49997	.0001	.0001	00.03	.99997	.00003	−4.00

〈부록 B〉 χ² 분포

df	P = .30	.20	.10	.05	.02	.01	.001
1	1.074	1.642	2.706	3.841	5.412	6.635	10.827
2	2.408	3.219	4.605	5.991	7.824	9.210	13.815
3	3.665	4.642	6.251	7.815	9.837	11.345	16.268
4	4.878	5.989	7.779	9.488	11.668	13.277	18.465
5	6.064	7.289	9.236	11.070	13.388	15.086	20.517
6	7.231	8.558	10.645	12.592	15.033	16.812	22.457
7	8.383	9.803	12.017	14.067	16.622	18.475	24.322
8	9.524	11.030	13.362	15.507	18.168	20.090	26.125
9	10.656	12.242	14.684	16.919	19.679	21.666	27.877
10	11.781	13.442	15.987	18.307	21.161	23.209	29.588
11	12.899	14.631	17.275	19.675	22.618	24.725	31.264
12	14.011	15.812	18.549	21.026	24.054	26.217	32.909
13	15.119	16.985	19.812	22.362	25.472	27.688	34.528
14	16.222	18.151	21.064	23.685	26.873	29.141	36.123
15	17.322	19.311	22.307	24.996	28.259	30.578	37.697
16	18.418	20.465	23.542	26.296	29.633	32.000	39.252
17	19.511	21.615	24.769	27.587	30.995	33.409	40.790
18	20.601	22.760	25.989	28.869	32.346	34.805	42.312
19	21.689	23.900	27.204	30.144	33.687	36.191	43.820
20	22.775	25.038	28.412	31.410	35.020	37.566	45.315
21	23.858	26.171	29.615	32.671	36.343	38.932	46.797
22	24.939	27.301	30.813	33.924	37.659	40.289	48.268
23	26.018	28.429	32.007	35.172	38.968	41.638	49.728
24	27.096	29.553	33.196	36.415	40.270	42.980	51.179
25	28.172	30.675	34.382	37.652	41.566	44.314	52.620
26	29.246	31.795	35.563	38.885	42.856	45.642	54.052
27	30.319	23.912	36.741	40.113	44.140	46.963	55.476
28	31.391	34.027	37.916	41.337	45.419	48.278	56.893
29	32.461	35.139	39.087	42.557	46.693	49.588	58.302
30	33.530	36.250	40.256	43.773	47.962	50.892	59.703

〈부록 C〉 t 분포

df	일방적 검증에서의 유의수준					
	.10	.05	.025	.01	.005	.0005
	양방적 검증에서의 유의수준					
	.20	.10	.05	.02	.01	.001
1	3.078	6.314	12.706	31.821	63.657	636.619
2	1.886	2.920	4.303	6.965	9.925	31.598
3	1.638	2.353	3.182	4.541	5.841	12.941
4	1.533	2.132	2.776	3.747	4.604	8.610
5	1.476	2.015	2.571	3.365	4.032	6.859
6	1.440	1.943	2.447	3.143	3.707	5.959
7	1.415	1.895	2.365	2.998	3.499	5.405
8	1.397	1.860	2.306	2.896	3.355	5.041
9	1.383	1.833	2.262	2.821	3.250	4.781
10	1.372	1.812	2.228	2.764	3.169	4.587
11	1.363	1.796	2.201	2.718	3.106	4.437
12	1.356	1.782	2.179	2.681	3.055	4.318
13	1.350	1.771	2.160	2.650	3.012	4.221
14	1.345	1.761	2.145	2.624	2.977	4.140
15	1.341	1.753	2.131	2.602	2.947	4.073
16	1.337	1.746	2.120	2.583	2.921	4.015
17	1.333	1.740	2.110	2.567	2.898	3.965
18	1.330	1.734	2.101	2.552	2.878	3.922
19	1.328	1.729	2.093	2.539	2.861	3.883
20	1.325	1.725	2.086	2.528	2.845	3.850
21	1.323	1.721	2.080	2.518	2.831	3.819
22	1.321	1.717	2.074	2.508	2.819	3.792
23	1.319	1.714	2.069	2.500	2.807	3.767
24	1.318	1.711	2.064	2.492	2.797	3.745
25	1.316	1.708	2.060	2.485	2.787	3.725
26	1.315	1.706	2.056	2.479	2.779	3.707
27	1.314	1.703	2.052	2.473	2.771	3.690
28	1.313	1.701	2.048	2.467	2.763	3.674
29	1.311	1.699	2.045	2.462	2.756	3.659
30	1.310	1.697	2.042	2.457	2.750	3.646
40	1.303	1.684	2.021	2.423	2.704	3.551
60	1.296	1.671	2.000	2.390	2.660	3.460
120	1.289	1.658	1.980	2.358	2.617	3.373
∞	1.282	1.645	1.960	2.326	2.576	3.291

〈부록 D〉 F 분포 : .05 수준에서의 F 값

n_2	n_1									
	1	2	3	4	5	6	8	12	24	∞
1	161.4	199.5	215.7	224.6	230.2	234.0	238.9	243.9	249.0	254.3
2	18.51	19.00	19.16	19.15	19.30	19.33	19.37	19.41	19.45	19.50
3	10.73	9.55	9.28	9.12	9.01	8.94	8.84	8.74	8.64	8.53
4	7.71	6.94	6.59	6.39	6.26	6.16	6.04	5.91	5.77	5.63
5	6.61	5.79	5.41	5.19	5.05	4.95	4.82	4.68	4.53	4.36
6	5.99	5.14	4.76	4.53	4.39	4.28	4.15	4.00	3.84	3.67
7	5.59	4.74	4.35	4.12	3.97	3.87	3.73	3.57	3.41	3.23
8	5.32	4.46	4.07	3.84	3.69	3.58	3.44	3.28	3.12	2.93
9	5.12	4.26	3.86	3.63	3.48	3.37	3.23	3.07	2.90	2.71
10	4.96	4.10	3.71	3.48	3.33	3.22	3.07	2.91	2.74	2.54
11	4.84	3.98	3.59	3.36	3.20	3.09	2.95	2.79	2.61	2.40
12	4.75	3.88	3.49	3.26	3.11	3.00	2.85	2.69	2.50	2.30
13	4.67	3.80	3.41	3.18	3.02	2.92	2.77	2.60	2.42	2.21
14	4.60	3.74	3.34	3.11	2.96	2.85	2.70	2.53	2.35	2.13
15	4.54	3.68	3.29	3.06	2.90	2.79	2.64	2.48	2.29	2.07
16	4.49	3.63	3.24	3.01	2.85	2.74	2.59	2.42	2.24	2.01
17	4.45	3.59	3.20	2.96	2.81	2.70	2.55	2.38	2.19	1.96
18	4.41	3.55	3.16	2.93	2.77	2.66	2.51	2.34	2.15	1.92
19	4.38	3.52	3.13	2.90	2.74	2.63	2.48	2.31	2.11	1.88
20	4.35	3.49	3.10	2.87	2.71	2.60	2.45	2.28	2.08	1.84
21	4.32	3.47	3.07	2.84	2.68	2.57	2.42	2.25	2.05	1.81
22	4.30	3.44	3.05	2.82	2.66	2.55	2.40	2.23	2.03	1.78
23	4.28	3.42	3.03	2.80	2.64	2.53	2.38	2.20	2.00	1.76
24	4.26	3.40	3.01	2.78	2.62	2.51	2.36	2.18	1.98	1.73
25	4.24	3.38	2.99	2.76	2.60	2.49	2.34	2.16	1.96	1.71
26	4.22	3.37	2.98	2.74	2.59	2.47	2.32	2.15	1.95	1.69
27	4.21	3.35	2.96	2.73	2.57	2.46	2.30	2.13	1.93	1.67
28	4.20	3.34	2.95	2.71	2.56	2.44	2.29	2.12	1.91	1.65
29	4.18	3.33	2.93	2.70	2.54	2.43	2.28	2.10	1.90	1.64
30	4.17	3.32	2.92	2.69	2.53	2.42	2.27	2.09	1.89	1.62
40	4.08	3.23	2.84	2.61	2.45	2.34	2.18	2.00	1.79	1.51
60	4.00	3.15	2.76	2.52	2.37	2.25	2.10	1.92	1.70	1.39
120	3.92	3.07	2.68	2.45	2.29	2.17	2.02	1.83	1.61	1.25
∞	3.84	2.99	2.60	2.37	2.21	2.09	1.94	1.75	1.52	1.00

F 분포 : .01 수준에서의 F 값

n₂	n₁									
	1	2	3	4	5	6	8	12	24	∞ *
1	4052	4999	5403	5625	5764	5859	5981	6106	6234	6366
2	98.49	99.01	99.17	99.25	99.30	99.33	99.36	99.42	99.46	99.50
3	34.12	30.81	29.46	28.71	28.24	27.91	27.49	27.05	26.60	26.12
4	21.20	18.00	16.69	15.98	15.52	15.21	14.80	14.37	13.93	13.46
5	16.26	13.27	12.06	11.39	10.97	10.67	10.27	9.89	9.47	9.02
6	13.74	10.92	9.78	9.15	8.75	8.47	8.10	7.72	7.31	6.88
7	12.25	9.55	8.45	7.85	7.46	7.19	6.84	6.47	6.07	5.65
8	11.26	8.65	7.59	7.01	6.63	6.37	6.03	5.67	5.28	4.86
9	10.56	8.02	6.99	6.42	6.06	5.80	5.47	5.11	4.73	4.31
10	10.04	7.56	6.55	5.99	5.64	5.39	5.06	4.71	4.33	3.91
11	9.65	7.20	6.22	5.67	5.32	5.07	4.74	4.40	4.02	3.60
12	9.33	6.93	5.95	5.41	5.06	4.82	4.50	4.16	3.78	3.36
13	9.07	6.70	5.74	5.20	4.86	4.62	4.30	3.96	3.59	3.16
14	8.86	6.51	5.56	5.03	4.69	4.46	4.14	3.80	3.43	3.00
15	8.68	6.36	5.42	4.89	4.56	4.32	4.00	3.67	3.29	2.87
16	8.53	6.23	5.29	4.77	4.44	4.20	3.89	3.55	3.18	2.75
17	8.40	6.11	5.18	4.67	4.34	4.10	3.79	3.45	3.08	2.65
18	8.28	6.01	5.09	4.58	4.25	4.01	3.71	3.37	3.00	2.57
19	8.18	5.93	5.01	4.50	4.17	3.94	3.63	3.30	2.92	2.49
20	8.10	5.85	4.94	4.43	4.10	3.87	3.56	3.23	2.86	2.42
21	8.02	5.78	4.87	4.37	4.04	3.81	3.51	3.17	2.80	2.36
22	7.94	5.72	4.82	4.31	3.99	3.76	3.45	3.12	2.75	2.31
23	7.88	5.66	4.76	4.26	3.94	3.71	3.41	3.07	2.70	2.26
24	7.82	5.61	4.72	4.22	3.90	3.67	3.36	3.03	2.66	2.21
25	7.77	5.57	4.68	4.18	3.86	3.63	3.32	2.99	2.62	2.17
26	7.72	5.53	4.64	4.14	3.82	3.59	3.29	2.96	2.58	2.13
27	7.68	5.49	4.60	4.11	3.78	3.56	3.26	2.93	2.55	2.10
28	7.64	5.45	4.57	4.07	3.75	3.53	3.23	2.90	2.52	2.06
29	7.60	5.42	4.54	4.04	3.73	3.50	3.20	2.87	2.49	2.03
30	7.56	5.39	4.51	4.02	3.70	3.47	3.17	2.84	2.47	2.01
40	7.31	5.18	4.31	3.83	3.51	3.29	2.99	2.66	2.29	1.80
60	7.08	4.98	4.13	3.65	3.34	3.12	2.82	2.50	2.12	1.60
120	6.85	4.79	3.95	3.48	3.17	2.96	2.66	2.34	1.95	1.38
∞	6.64	4.60	3.78	3.32	3.02	2.80	2.51	2.18	1.79	1.00

찾아보기
(국문)

찾아보기
(영문)

연습문제 해답
(객관식)

제 1장

1. ③   2. ④   3. ①

제 2장

1. ④   2. ①   3. ③
4. ②

제 3장

1. ②   2. ③   3. ④
4. ③   5. ④   6. ①

제 4장

1. ①   2. ③   3. ②
4. ④   5. ④

제 5장

1. ③   2. ②   3. ④
4. ①   5. ④

제 6장

1. ②   2. ③   3. ④
4. ③   5. ①

제 7장

1. ②   2. ④   3. ①

제 8장

1. ③   2. ④   3. ①
4. ②   5. ③   6. ①
7. ④

제 9장

1. ③   2. ③   3. ④
4. ③   5. ① 　 6. ①

제 10장

1. ③   2. ④   3. ①
4. ②   5. ③

제 11장

1. ④   2. ③   3. ④
4. ③   5. ②   6. ②
7. ④

제 12장

1. ④   2. ②   3. ①
4. ③   5. ①   6. ②
7. ④

제 13장

1. ③   2. ②   3. ④
4. ①   5. ③   6. ②

융합과 통섭: 다중매체환경에서의 언론학 연구방법

한국언론학회 엮음

'융합'과 '통섭'의 이름으로 젊은 언론학자 19명이 모였다. 급변하는 다중매체 환경 속 인간과 사회를 능동적으로 이해하고 설명하는 것은 언론학 연구의 임무이자 과제다. 이를 위해서는 관례와 고정관념을 탈피하려는 다양한 고민과 시도가 연구방법으로 이어져야 한다. 38대 한국언론학회 기획연구 워크숍 발표자료를 엮은 이 책은 참신하고 다양한 언론학 연구방법을 고민하는 이들에게 소중한 지침서가 될 것이다. 크라운판 변형 | 520면 | 32,000원

정치적 소통과 SNS

한국언론학회 엮음

뉴스, 광고, 인간관계에까지 우리 일상 어디에나 SNS가 있다. 그렇다면 과연 우리는 SNS에 대해 얼마나 알고 있을까? 커뮤니케이션 연구와 교육의 최전선에 있는 한국언론학회 필진이 뜻을 모아 집필한 이 책은 SNS에 관한 국내외의 사례와 이론을 폭넓게 아우른다. 왜 우리는 SNS를 사용하게 되었나부터, 어떻게 사용하고 있나, 또 앞으로 어떻게 사용해야 하나까지 과거, 현재, 미래에 대한 통찰이 담겨 있다. 크라운판 변형 | 456면 | 27,000원

한국사회 소통의 위기와 미디어

윤석민(서울대)

학문과 실천 양 방면에서 활발하게 활동하고 있는 언론학자 윤석민 교수가 심각한 위기의 양상을 보이는 한국사회의 소통과 미디어의 실태를 진단하고, 위기의 구조적 원인 및 극복 방안을 제시한 책이다. 소통 및 소통자의 개념, 이상적 사회 소통의 상태, 미디어의 본질과 변화방향을 소개하고, 미디어 정책의 혼선과 이를 해결하기 위한 미디어 정책의 그랜드 플랜을 제시한다.
신국판 | 656면 | 32,000원

SNS 혁명의 신화와 실제: '토크, 플레이, 러브'의 진화

김은미(서울대) · 이동후(인천대) · 임영호(부산대) · 정일권(광운대)

요즈음 전성기를 구가하고 있는 소셜미디어는 사람들 간 진지한 관계나 대화를 담보할 수 있는가? 인류의 오래된 희망인 관계의 수평화 · 평등화를 가능케 할 것인가? 이 책은 내로라하는 커뮤니케이션 소장학자들이 발랄하면서도 진지한 작업 끝에 내놓은 결과물이다. 소셜미디어의 모든 것을 분해하고, 다시 종합하는 이 책을 통해 독자들은 소셜미디어 혁명의 허와 실을 간파하게 될 것이다.
크라운판 변형 | 320면 | 20,000원

뉴미디어와 정보사회

오택섭(前 고려대) · 강현두(前 서울대) · 최정호(前 연세대) · 안재현(KAIST) 공저

이 책은 매스미디어 현상을 일반교양으로 이해하고자 하는 독자들에게 체계적 이해의 틀을 제공한다. 언론학자들과 함께 IT경영학자인 KAIST의 안재현 교수가 공동으로 참여하여 학문석 컨버전스를 이루면서 미디어 빅뱅의 내용을 담아냈다. 특히 최근의 디지털화/멀티미디어화를 통한 뉴미디어의 등장과 방송통신의 융합의 이슈들을 다루었고, E-Journalism을 통해 변화하는 언론의 역할을 조명했다. 4×6배판 변형 | 444면 | 25,000원

디지털 시대와 미디어 공공성: 미디어, 문화, 경제

그레이엄 머독 | 이진로(영산대) 외 옮김

이 책은 한국사회의 방송 공영성 회복과 관련된 14개의 글을 담고 있다. 머독 교수의 이 책은 오늘날의 방송과 뉴미디어 현상에서 공익성을 최우선으로 강조한다는 점에서 우리에게 중요한 시사점을 던져준다. 그는 방송과 뉴미디어가 사회 공동의 자원으로 공익성을 부여받지만 사적 소유에 의해 왜곡된 현실을 비판하고, 공공성과 공익성을 복원할 것을 주장한다.
신국판 | 432면 | 22,000원

뉴스론: 미디어 사회학적 연구

이강수(前 한양대)

다미디어·다채널화가 더욱 확대되어 이른바 미디어의 백화제방시대가 도래하였다. 그러면 과연 정보 유통량이 증가한 만큼 '투명한 사회'가 되었는가? 다양한 지식정보를 통해 사람들은 교양 있고, 견문이 넓은 '민주시민'으로 성장하였는가? 시민들 간의 담론이 활발하게 이뤄져서 이른바 '공론장'이 확대되고, '숙의민주주의'가 발전되었는가? 등등 뉴스에 관련된 다양한 이슈들을 폭넓게 다루고 있다. 신국판 | 656면 | 35,000원

현대 신문의 이해

장호순(순천향대 신문방송학과)

이 책은 신문방송학 전공자를 위한 교과서이자 한국의 신문에 대한 종합건강진단 보고서라고 할 수 있다. 지난 25년간 발행된 신문에 관한 논문과 저술을 체계적으로 정리하고, 풍부한 예시와 사진 · 도표를 제시하였다. 신문의 기능, 역사에서부터 신문산업의 특징, 취재방식, 기사작성 방식, 편집디자인, 광고, 법제 등 신문과 관련된 다양한 지식들을 담고 있으며, 행간마다 신문이 나아가야 할 방향을 제시한다. 4×6배판 | 384면 | 20,000원

미디어 효과이론 (제3판)

제닝스 브라이언트 · 메리 베스 올리버 편저
김춘식(한국외대) · 양승찬(숙명여대) · 이강형(경북대) · 황용석(건국대) 옮김

이 책은 이용과 충족이론, 의제 설정이론, 문화계발효과이론 등 고전이론의 최신 업데이트된 연구결과를 비롯해 빠르게 진화하는 미디어 세계의 이슈들에 대해서도 다뤘다. 미디어 효과연구 영역을 폭넓게 다룬 포괄적인 참고도서이자 최근의 미디어 효과연구의 진행방향을 정리한 보기 드문 교재로 미디어 이론 연구를 위한 기준을 제공할 것이다. 4×6배판 | 712면 | 38,000원

매스 커뮤니케이션 이론 (제5판)

데니스 맥퀘일 | 양승찬(숙명여대) · 이강형(경북대) 공역

제4판(2000년)과 비교해 이번 제5판(2005년)에서는 특히 인터넷시대의 '뉴미디어'가 출현하고 성장하는 과정 속에서 기존의 매스미디어 이론과 연구결과를 토대로 이야기했던 것을 수정·보완하는 데 주력한 것이 두드러진다. 또한 저자 맥퀘일은 변화하는 미디어 환경 속에서 기존 매스 커뮤니케이션이 어떻게 변화할지에 관심을 두고 각 장의 내용을 전개한다. 새롭게 등장한 이론적 접근에 대한 소개가 추가되었고, 각 장에서의 이슈는 뉴미디어 현상과 연관하여 다루어진 특징이 있다. 크라운판 변형 | 712면 | 28,000원

커뮤니케이션 이론: 연구방법과 이론의 활용

세버린 · 탠카드 · 박천일 · 강형철 · 안민호(숙명여대) 공역

매스 커뮤니케이션의 기본개념부터 다양한 이론적 논의와 연구방법, 연구사례에 이르기까지 언론학 전반을 조감해 주는 교과서이다. 다른 책과 구별되는 큰 장점은 제반 이론을 소개하면서 과학의 특성인 실용성과 누적성이 절로 드러나도록 하는 뚜렷한 관점을 가지고 있다는 것이다. 우선, 소개되는 이론에 관련한 실제 연구사례들을 수집해 제시한다. 더불어 이론이 등장해 어떻게 비판되고 지지되고 발전되었는지 역사적으로 추적한다.
크라운판 | 548면 | 22,000원

디지털 미디어 디바이드: 참여와 통합의 디지털 미디어 정책

고삼석(중앙대)

2012년 12월 31일 아날로그 지상파방송이 중단되고 디지털 방송으로 전환되는데 이는 방송정책과 산업, 그리고 사회 전반에 걸쳐 큰 변화를 가져올 일대 혁신이라고 할 수 있다. 디지털 미디어 디바이드 현상은 단순히 개인 혹은 특정계층의 문제나 산업적·기술적 측면에서 접근할 것이 아니라, 사회문화적 측면에서 국민들의 정보복지 확보를 위해 정부가 적극적으로 해법을 모색해야 한다.
신국판 | 378면 | 19,000원

설득커뮤니케이션 (개정판)

김영석(연세대)

저자는 이 책을 통해 다양한 설득 연구들을 모아 설득의 역사, 심리학적 원리기법들을 커뮤니케이션 관점에서 체계적으로 분석하고 있다. 심리학, 정치학, 사회학, 커뮤니케이션학, 스피치학, 광고홍보학 등의 여러 분야에서 다루는 설득 관련 이론 및 방법을 종합적으로 제시해, 설득의 개별사례들에 대한 단순한 이해가 아니라 이면에 담긴 심리학적 원리를 이론적으로 고찰해 소개하고 있다.
크라운판 변형 | 600면 | 28,000원

현대언론사상사

허버트 알철 | 양승목(서울대) 옮김

이 책은 '밀턴'에서 '맥루한'까지 미국 저널리즘의 근간을 이룬 서구 사상가들을 다루고 있다. 현대언론사상의 백과사전이라고 할 수 있을 정도로 300년간의 서구 사상가와 사상들을 집합시켰다. 저널리즘은 오로지 눈앞의 현실이며 실천일 뿐이라고 믿는 사람들에게 그 현실과 실천의 뿌리를 살펴볼 것을 촉구하고 역사성을 회복하라고 호소하고 있다.
신국판 | 682면 | 35,000원

미디어 정책 개혁론: 21세기 미국의 미디어 정치학

로버트 W. 맥체스니 | 오창호(부경대) · 최현철(고려대) 옮김

미국 미디어체제의 본질적 문제들에 천착해온 미국의 대표적 미디어 학자이자 미디어 개혁단체 '자유언론'의 대표인 로버트 맥체스니가 2004년에 펴낸 *The Problem of the Media*를 우리말로 옮긴 책이다. 미국에서 미디어 소유권을 둘러싼 논쟁이 한창 벌어지던 시기에 쓰여진 책으로 최근 우리 사회에 미디어 관련법 문제가 첨예한 갈등적 이슈로 떠오른 시점에서 이 책이 제기하는 주제들은 우리에게 매우 의미심장하다. 신국판 | 504면 | 25,000원

코드 2.0

로렌스 레식 | 김정오(연세대) 옮김

이 책은 사이버공간은 규제될 수 없다는 일반적인 믿음에 대해 반론을 펼친다. 상거래의 영향 아래에서 사이버공간은 현실공간보다 행위가 더욱 엄격히 통제되는 규제의 공간이 되고 있다는 것이다. 어떤 사이버공간을 만들어내고 그 속에서 어떤 자유를 보장받을지는 우리가 선택할 수 있는 것이고 선택해야만 하는 문제이다. 그 선택은 결국 구조에 대한 것이고 사이버공간의 법이라 할 수 있는 "코드"를 어떻게 만들어낼 것인가의 문제이다. 신국판 | 672면 | 35,000원